红外辐射测温技术及应用研究

李云红　著

北京大学出版社
PEKING UNIVERSITY PRESS

内 容 简 介

本书共分为6章，主要内容包括绪论、红外辐射测温物理模型、红外辐射测温技术、宽波段比色测温技术、宽波段比色测温系统实验研究、AI疫情防控监测系统。本书融入了辐射测温领域的最新研究成果，提出了宽波段比色测量方法，降低了发射率的影响；搭建了宽波段比色测温实验平台，并进行应用研究。

本书适合于精密仪器及机械、自动化测试与控制学科专业的高年级本科生、研究生参考使用，也可作为从事热工计量测试等相关专业的在校师生、科研工作者、企业工程技术人员的参考读物。

图书在版编目(CIP)数据

红外辐射测温技术及应用研究 / 李云红著. —北京：北京大学出版社，2022.12

ISBN 978-7-301-33688-5

Ⅰ. ①红… Ⅱ. ①李… Ⅲ. ①红外测温仪-研究 Ⅳ. ①TH811.2

中国国家版本馆CIP数据核字（2023）第021722号

书　　名	红外辐射测温技术及应用研究 HONGWAI FUSHE CEWEN JISHU JI YINGYONG YANJIU
著作责任者	李云红　著
策划编辑	郑　双
责任编辑	巨程晖　郑　双
数字编辑	蒙俞材
标准书号	ISBN 978-7-301-33688-5
出版发行	北京大学出版社
地　　址	北京市海淀区成府路205号　100871
网　　址	http://www.pup.cn　新浪微博：@北京大学出版社
电子邮箱	编辑部pup6@pup.cn　总编室zpup@pup.cn
电　　话	邮购部010-62752015　发行部010-62750672 编辑部010-62750667
印 刷 者	三河市北燕印装有限公司
经 销 者	新华书店
	650毫米×980毫米　16开本　15.75印张　202千字 2022年12月第1版　2022年12月第1次印刷
定　　价	88.00元

前　言

在自然界中，任何物理、化学的过程都与温度密切相关，温度是确定物质状态的重要参数之一。因此温度的测量与控制在国防、军事、科学实验及工农业生产中都显得尤为重要。随着科技的迅速发展，高温、超高温、低温、超低温等非常态实验及工程应用越来越多，技术越来越复杂。另外，武器型号、重大装备及精密制造技术的发展也对温度测量的要求越来越高，特别是高温测量在航天、材料、能源、冶金等领域中的应用更加重要。

随着技术发展的日新月异、行业需求的不断提高，辐射测温技术在一定程度上解决了被测物体的真实温度与辐射温度之间的关系问题。本书是在我的博士学位论文《基于红外热像仪的温度测量技术及其应用研究》的基础上，融入了近年来课题组在辐射测温领域的最新研究成果编写而成的。感谢哈尔滨工业大学戴景民教授和孙晓刚教授的支持与帮助。本书取得了国家自然科学基金（60377037）、陕西省科技厅自然科学基础研究重点项目（2022JZ-35）、陕西省教育厅自然科学基础研究专项（10JK571）经费的资助与支持。

本书根据辐射测温及比色测温原理，建立了红外辐射测温及宽波段比色测温的理论模型，消除目标辐射源对真实温度测量的影响。本书针对较低温度的目标辐射源提出采用宽波段比色测量方法，降低发射率的影响，搭建了宽波段比色测温实验平台并进行应用研究。本书所涉及的具体研究工作如下。

（1）研究红外辐射原理及基本辐射定律，包括普朗克定律、维恩位移定律、斯特藩-玻尔兹曼定律；分析辐射测温方法，如全辐射测温法、亮度测温法、比色测温法和多光谱测温法，比较它们的特点和优缺点，为宽波段比色测温的研究提供理论基础。

（2）建立红外辐射测温物理模型。根据热辐射理论和红外辐射的测温原理，系统分析了各种因素对辐射测温的影响，得到被测物体表面发射率、表面吸收率、大气透过率、环境温度和大气温度对测温误差的影响。结合物体表面对红外线的发射和反射作用，以及红外线在大气中传输的物理过程，得到在不同精度及测量条件下的校准曲线，应用了 BP 神经网络法，用于温度标定实验中的灰度与温度的特性曲线拟合，建立了红外辐射测温物理模型，为红外热像仪的精确测温提供了保证。

（3）大气透过率的二次标定。通过研究被测物体表面的发射率、反射率和透射率，并结合红外物理中的三大辐射定律得到被测物体表面的有效辐射。建立了辐射测温方程及目标温度场和等效温度场的转换模型。提出了红外热像仪外场精确测温方法，进行了大气透过率的二次标定，利用二次修正系数对未知辐射源测量值进行修正，准确测量出未知辐射源目标的辐射温度。

（4）建立宽波段比色测温物理模型。宽波段比色测温理论是建立在材料辐射特性、测温系统现有设计及制造水平、各种元器件（包括滤光片的带通透过率、探测器响应率）计量测试水平基础之上的。比色测温物理模型的建立是宽波段比色测温系统研制、系统温度测量范围及测温精度评价的关键。

（5）搭建宽波段比色测温系统平台。综合考虑宽波段比色测温技术研究设计的影响因素，如探测波长、探测器类型、光路带宽等，系统选择合适的器件以确保数据测量的精确度，理论模型实验数据的仿真及分析，为宽波段比色测温系统的成果搭建提供了依据。

（6）宽波段比色测温系统的应用。使用面源黑体对宽波段比色测温系统进行了标定及校准，利用校准后的实验系统进行实物的温度测量。通过该测温系统实测了水、燃烧的蜡烛、可控温电热炉等的温度，验证了宽波段比色测温系统测温的准确性和有效性。

（7）AI 疫情防控监测系统。提出利用改进的 RBF 神经网络算法进行红外温度检测，通过局部接受域来执行函数映射，利用 Arduino Nano 开发板驱动 MLX90614 红外温度传感器，依据测试环境确定 RBF 神经网络的隐层基函数的个数、中心向量及宽度，同时采用 BP 神经网络法实现温度补偿，提升了模型泛化能力及红外温度传感器的温度检测精度。通过该系统可以快速、准确地实现行人面部口罩识别、红外温度检测、物体追踪检测、人脸识别及身份验证等，同时具有自动语音播报、报警等功能。

本书在写作过程中，朱永灿、乌江参与了校对工作，王瑞华、段姣姣、张蕾涛、李嘉鹏、朱景坤、谢蓉蓉、刘杏瑞、拜晓桦参与了图形绘制及信息收集等工作，在此表示感谢！另外，本书还参考了大量的国内外文献资料，在此对相关作者表示真诚的感谢。本书得到了西安工程大学的大力支持，在此对西安工程大学的相关人员表示衷心的感谢。

由于作者水平有限，书中难免有疏漏和不足之处，恳请读者批评指正。

李云红

2022 年 6 月

目　　录

第1章

绪　论

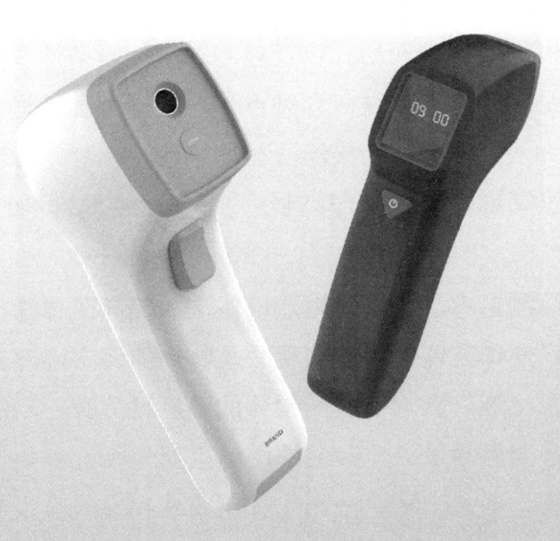

1.1 辐射测温技术的发展概述

温度是表征物体冷热程度的物理量，是国际单位制中七个基本物理量之一，它与人类生活、工农业生产和科学研究有着非常密切的联系。随着科学技术水平的不断提高，温度测量技术也得到了不断的发展。

温度是物体微观上运动的表现，是描述物质的重要参数。在自然界中，任何物理、化学的过程都与温度密切相关，温度是确定物质状态最重要的参数之一。因此温度的测量与控制在国防、军事、科学实验以及工农业生产中显得尤为重要，特别是在航天、材料、能源、冶金等领域中的应用更加重要[1-3]。

由于温度的多种表现形式以及被测对象的复杂性和多样性，使得温度测量既是研究热点也是研究难点。根据温度传感器的使用方式，温度的测量方法大致可分为接触法与非接触法两种，如图 1-1 所示。非接触法测温又称辐射测温。接触法与非接触法测温的特性，如表 1-1 所示。

在接触法测温中，主要采用热电偶法和等离子体法，这类测湿方法设备简单、操作方便，直接测量的是物体的真实温度。但由于要与被测物体紧密接触，影响了被测物体的温度场分布，动态性能较差，不能应用于甚高温测量。非接触法测温主要包括红外热像测温法、受激荧光光谱法、多光谱测温法、光纤测温法和发射吸收光谱法等[4-5]。图 1-1 中还列出了其他几种非接触测温方法。手持非接触红外测温仪如图 1-2 所示。

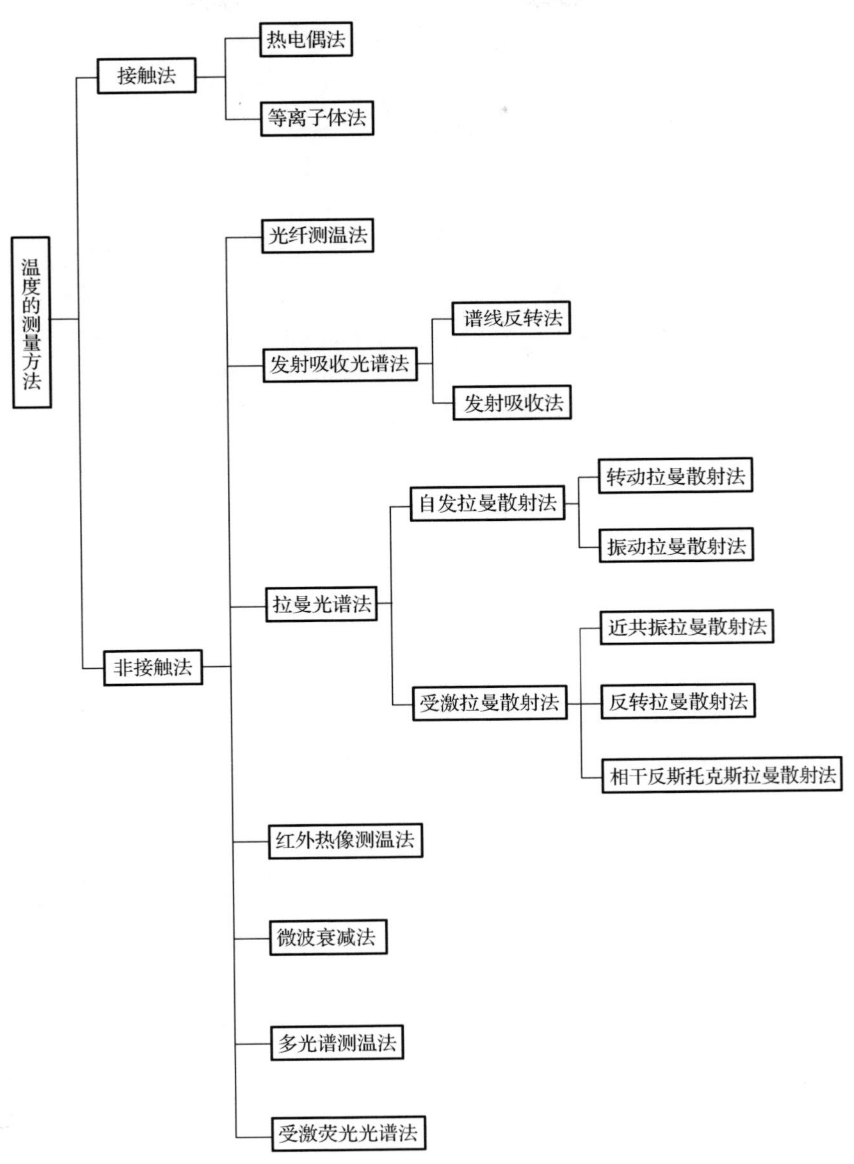
温度的测量方法
接触法
热电偶法
等离子体法
非接触法
光纤测温法
发射吸收光谱法
谱线反转法
发射吸收法
拉曼光谱法
自发拉曼散射法
转动拉曼散射法
振动拉曼散射法
受激拉曼散射法
近共振拉曼散射法
反转拉曼散射法
相干反斯托克斯拉曼散射法
红外热像测温法
微波衰减法
多光谱测温法
受激荧光光谱法

图 1-1　温度的测量方法

图 1-2 手持非接触红外测温仪

表 1-1 接触法与非接触法测温的特性

项目	接触法	非接触法
特点	测量热容量小的物体有困难；测量移动物体有困难；可测量任何部位的温度；便于多点集中测量和自动控制	不改变被测介质温场；可测量移动物件的温度；通常测量被测物体的表面温度
测量条件	测温元件要与被测对象很好接触；接触测温元件不要使被测对象的温度发生变化	由被测对象发出的辐射能充分照射到检测元件；被测对象的有效发射率要准确知道，或者具有重现的可能性
测量范围	容易测量 1000℃及以下的温度，测量 1200℃及以上的温度有困难	测量 1000℃及以上的温度较准确，测量 1000℃以下的温度误差大
准确度	误差通常为 0.5%～1%，依据测量条件可达 0.01%	误差通常为 20℃左右，条件好的可达 5～10℃
响应速度	通常较慢，1～3min	通常较快，2～3s，即使迟缓的也在 10s 以内

在实际应用中，最早发展的是接触法测温，这种方法是采用热平衡的物理原理，不仅响应速度慢、仪器使用寿命短，而且会破坏被测目标的温度场分布。随着科学技术的进步，人们对温度测量的要求越来越高，尤其体现在控制产品质量和提高产品经济效益等方面，因此具有响应速度快、准确度高、便捷和仪器使用寿命长等优势的辐射测温法得到了广泛关注和长远发展[6-7]。

被测目标真实温度的辐射测量是一项重要且需要长期研究的艰巨任务，尤其是被测目标表面真实温度（有时也称真温）的精确测量更为困难和关键。航空、航天等尖端技术的不断发展，工农业生产过程中检测与控制水平要求的不断提高，都对温度的辐射测量提出了更高、更迫切的要求。

在航空、航天型号任务中，壳体地面风洞实验以及发动机试车过程中真温及温度分布的快速测量已经显得特别迫切，然而接触法测温显然在温度上限和动态响应方面无法满足实验测量要求，而现有的辐射测温法能很好地解决测温精度的问题。

红外辐射测温技术是近几年研究的热门技术，也是发展最迅速的技术之一，已经普遍应用于军事、准军事、科研和工农业等领域，并且发挥着其他产品无法替代的作用和价值。红外辐射测温技术已经成为衡量一个国家科技实力的高新技术之一，因此，美国、英国、德国、法国等发达国家非常重视红外辐射测温技术的研究与应用，纷纷投入巨额的资金和大量的物力、人力对红外辐射测温技术进行深入的研究并且发展其技术应用。目前，美国、法国、德国及英国等国家在红外辐射测温技术研究和应用方面已经走在了世界的前列，这为发展中国家起到了良好的示范和模范作用，也为这些国家后续对红外辐射测温技术的研究奠定了坚实、良好的基础和后发优势。掌握红外辐射测温技术的发展进程、应用领域及发展趋势，有助于我们启发科学、合理的发展思路，更有利于我们对红外辐射测温技术优化发展的研究和应用。

长期以来，学者们普遍对辐射测温法的准确性存有疑问，或者对其被测目标的真实温度存有疑问，究其原因，在于辐射测温法的可靠性和抗干扰性不高，而且局限于高温测量。随着电子技术的迅猛发展及新半导体材料的不断出现，红外辐射测温技术在科学研究、军事领域和现代工程技术中的应用越发广泛。与一般测温技术相比，红外辐射测温技术的突出优点是：（1）因为它无须与被测物体接触，所以不会破坏被测物体的温度场；（2）可分辨 0.01℃的温度差，灵敏度高；（3）可在几毫秒内测出目标温度，反应速度快；（4）测温范围广，一般可达到-170～3200℃，甚至更大；（5）不受检测距离限制，远近皆可；（6）可实现实时观测和自动控制，操作安全简便；（7）可实现夜视。

红外辐射测温技术的典型产品就是红外热像仪，红外热像仪测温[8-10]主要受被测物体表面发射率的影响，但反射率、环境温度、大气温度、测量距离和大气衰减等因素的影响也不容忽视。这些影响因素会导致红外热像仪的测温不准，进而影响了红外热像仪在一些领域中的应用。尤其是对物体表面发射率估计得不准确，更会影响温度测量的精确性[11-17]。因此，要想应用红外热像技术进行精确测温，还需做很多研究。

虽然红外辐射测温技术近年来不断进步与发展，但是红外辐射测温仪的应用却受到了限制。因为红外辐射测温仪在测量过程中会受到被测物体本身属性及外界环境的影响，导致测量结果严重偏离被测目标的真实温度，现实中红外辐射测温仪的测量结果需要经过多重修正才能接近被测目标的真温。进而，比色测温技术进入了人们的视野，发达国家已经对其展开了深入的研究。比色测温技术不但克服了要首先知道被测物体发射率的难题，而且能在一定程度上消除外界对测温系统的干扰。目前，比较成熟的辐射测温技术大都是窄波段辐射测温技术，而且已经较成熟地应用于高温测量[18-23]。

自然界一切温度在绝对零度（−273℃）以上的物体，由于自身分子热运动，都在不停地向四周辐射包括红外波段在内的电磁波，其光谱范围比较广。分子和原子的运动越剧烈，辐射的能量越大。而现阶段的红外热像仪都只能对其中某一小段光谱范围的红外线产生反应。比如：波长为 3～5μm 或 8～14μm，这就是所谓的“大气窗口”。大气、烟云等对波长为 3～5μm 和 8～14μm 的热红外线几乎没有阻碍，但可以吸收除此之外的可见光和近红外线。利用这两个窗口，可以使人们在完全无光的夜晚，或是在烟云密布的战场，清晰地观察到前方的情况。正是由于这个特点，红外热成像技术为军事提供了先进的夜视装备，并为飞机、舰艇和坦克装上了全天候前视系统。同时，物体向外发射的辐射强度取决于目标物体的温度和物体表面材料的辐射特性。物体的热辐射能量的大小，直接和物体表面的温度相关。热辐射的这个特点使人们可以利用它来对物体进行无接触温度测量和热状态分析，从而为工业生产、能源节约、环境保护等方面提供一个重要的检测手段和诊断工具。同一种物质在不同的状况下（表面光洁度、环境温度、氧化程度等），向外辐射红外能量的能力也不同，这种能力与假想中的黑体辐射能量的比值就是该物质在该温度下的发射率。黑体能吸收所有波长的辐射能量，是一种理想化的辐射体，其表面发射率为 1。特别指出，自然界中并不存在真正的黑体。

随着科学技术的迅速发展，辐射测温的相关设备渐趋完备，数据处理也更加灵活方便，辐射测温技术得到了长足的发展和进步，所以现在的非接触测温法主要以辐射测温法（又叫红外测温法）[24-26]为主。辐射测温仪在制造水平和性能上也有了显著的提高。红外测温技术的研究和发展有两个主要问题：一是如何测准来自被测物体的能量，二是如何将测得的能量转换为被测物体的真实温度。当然还涉及仪器的测量范围、精度、距离及目标大小、响应时间和稳定性等其他问题。在实际应用中，还必须考虑被测物体光谱发射和辐射传递通路中介质对辐射传递的影响等。由于材料的发射率并不是材料的本征参数，它不仅和物体的成分有关，还和工作波长、所处温度及表面状态等诸多因素有关，而且发射率在测量过程中会随时发生变化。特别是在高温、甚高温测量时，由于环境中充满烟雾、粉尘、水汽等，被测物体表面状态是剧烈变化的，因此发射率修正法及减小发射率影响法在使用过程中都受到限制。多光谱辐射测温法虽然从某种意义上消除了发射率的影响，但只适用于金属试样，需要研究出更好的发射率补偿算法来减小发射率的影响，进而实现精确测温。

辐射温度计的发展大致经历了隐丝式光学高温计（简称光学高温计）、带光电倍增管的光电高温计、用硅光电二极管作为检测器的光学测量，以及光电精密辐射测温几个阶段。

20 世纪初出现的光学高温计，直至现在仍然在高温测量领域中使用。但是，由于光学高温计是用亮度平衡的方法，依靠人眼进行判读，手动进行灯丝电流调节，因此不能进行自动测量，这就使光学高温计不能够实现温度的自动化测量、记录与控制，在生产现场的应用受到限制。

20 世纪 60 年代中期出现了用光电倍增管作为检测器的光电高温计。相对于光学高温计，用光电倍增管替代光学高温计中的人眼来进行亮度比较，具有更高的灵敏度和精确度。而且，不需要人参与，也因此被美国国家标准局（National Bureau of Standards，NBS）等国家实验室用来复现国际实用温标[27]。

20 世纪 70 年代初期，威瑟雷尔（P. G. Witherell）和福尔哈伯（M. E. Faulhaber）指出，硅光电探测器具有性能稳定、线性度及灵敏度优良、结构牢固、寿命长、价格适中等诸多优点，更适合于精密光度测量。同时，拉菲诺（G. Ruffino）利用噪声监测数据证明了硅光电二极管应用到高分辨率温度计的可能性，而后不久，用硅光电二极管作为检测元件的高精密度光学高温计就在意大利国家计量院被研制成功。

红外测温仪按其测温范围可分为中低温辐射测温计和高温辐射测温计两类。高温辐射测温计主要应用于测量 900℃以上的辐射源，这种目标源辐射能量大，因而高温辐射温度计分辨率高，测温误差较小，温度分辨率也较高。20 世纪 80 年代以来，许多国家的科学家对多波长温度计进行了大量、深入的研究，针对不同的测量辐射源，国内外均有相关的产品上市，如三波长、四波长和六波长高温计，多光谱测温技术[28-32]得到迅速发展。1991 年，哈尔滨工业大学的戴景民教授与罗马大学的拉菲诺教授合作，成功研制了国际上首款棱镜分光式 35 波长高温计，并成功地用于烧蚀材料的真温及发射率测量。1999 年，戴景民教授研制成功六目标八波长高温计，并成功用于固体火箭发动机羽焰温度和发射率的同时测量。2001 年，戴景民教授又成功地研究出红外多波长辐射温度计用于导弹发射车的隐身性测量。

2006 年，金钊等采用基于参考温度的数学模型，在多光谱辐射测温数据处理时引入遗传算法，通过非线性拟合寻找发射率和波长之间的函数关系，通过不断迭代求解真温和发射率的最优解，相对误差控制在±20K 以内[33]。

2007 年，孙晓刚等将神经网络和遗传算法用于数据处理，提出一种基于遗传算法和神经网络算法相结合的 GA-BP 算法，该算法解决了神经网络在寻优过程中容易陷入局部最优解的问题。仿真计算结果表明该算法能够明显提高真温计算的精度，减小误差[34]。

2008 年，李云红等分析了热像仪参数测试系统的基本结构，介绍了当年热像仪参数测试系统的发展现状，并对热像仪最小可分辨温差、系统调制传递函数和噪声等效温差等参数的测量方法进行了调研，给出了具体的测试方法[35]。

2009 年，Sun 等提出了一种估算温度初值的方法，利用亮温逼近法确定初始温度，解决了二次测量法第一温度初始值不易选取的问题，并利用该方法进行火药爆炸现场温度的实际测量，处理的数据符合实际情况，测试误差较小[36]。

2015 年，李云红等为实现中低温（50～400℃）物体温度的精确测量，搭建了双波段比色测温试验系统。通过对试验系统所用的试验器件的精确标定，得到了拟合曲线，采用多种插值算法对曲线进行了校正。把设定温度的面源黑体作为试验目标实现了试验温度的数据采集。搭建的双波段试验系统在不知道目标发射率的情况下较为精确地得到中低温物体的真实温度[37]。

2015 年，Xing 等在二次测量法的基础上进行改进，提出了一种多光谱真温反演算法。该算法无须假设发射率模型，而是通过修改二次测量法迭代的条件，形成新的迭代过程。经过实际的计算和实验验证，该算法的实际效果良好[38]。

2016 年，张磊等为解决现有多光谱测温方法对不识别发射率模型、对未训练样本的温度计算误差较大的问题，提出了基于光谱识别的多光谱测温方法。仿真实验表明，基于光谱识别的多光谱测温方法的温度计算误差为 0.69%，在温度计算精度和通用性上优于其他基于学习的多光谱测温方法[39]。

2017 年，张福才等提出一种新的算法用于多光谱辐射测温数据处理领域，该算法是基于发射率跟某个通道两个不同时刻的温度差值存在函数关系的前提假设。通过这种联系，建立迭代关系，设定迭代终止条件，通过这种方式得到真实温度[40]。根据实验及仿真计算，该算法的计算精度较高，相对误差小于 1.5%。2018 年，张福才等提出了序列最小优化（Sequential Minimal Optimization，SMO）算法[41]，着重解决了真温反演速度的问题，相较于二次测量法，计算速度提高了 95%，但是牺牲了部分精度。2019 年，张福才等又提出了多目标极值优化方法，该方法的计算速度介于 SMO 算法和二次测量法之间[42]。

在中低温辐射测温计方面，中国科学院上海技术物理研究所、西北光学仪器厂、中国农业大学和国家海洋技术中心曾研制测温范围低于 100℃的红外测温仪。国家海洋技术中心先后研制生产了 HWL1-1 型航空红外测温仪和 LGI-I1-1 型机载红外辐射计，测温范围为−2～35℃和−5～35℃，且其精度为 0.5℃。上述仪器都属于红外辐射测温仪且在中低温测量的应用中各有特点和优势，但是它们的探测器选择的是热电阻和热电堆。因为这些探测器灵敏度不高，限制了仪器的测温距离，所以不能应用于远距离、小目标辐射源的温度测量。后来国内陆续生产了远距离、小目标、适合电业生产特点的测温仪器，如西安西光科技仪器有限公司研制的HCW-III型测温仪和中国科学院上海技术物理研究所研制的HW-I型红外测温仪。尽管这两种测温仪器已经在工农业生产中得到广泛应用，但因为它们都使用反射式红外镜头，且重量大、视角小，又需固定在三脚架上使用，因而不便于仪器的智能化和便携化。当然国外在远距离红外测温方面也有很多产品，将国内外主要辐射测温仪进行比较，各个典型产品参数如表1-2和表1-3所示。

表1-2　国外典型产品参数

生产企业	产品型号	测温范围/℃	距离系数	分辨率/℃	精度/%	发射率
Raytek（美国）	3iLTDL3	-30～1200	75∶1	1	±1	0.1～1
	3iLRL3	-30～1200	120∶1	1	±1	0.1～1
	3i1ML3	600～3000	180∶1	1	±0.5	0.1～1
	ST20	-32～535	12∶1	0.2	±0.1	0.95
	ST80	-32～760	50∶1	0.1	±0.1	0.1～1
WAHL（美国）	HAS-201	-20～200	300∶1	0.5	±1	0.1～1
TESTO（德国）	826T1	-50～400	3∶1	0.5	±2	—

表1-3　国内典型产品参数

生产企业	产品型号	测温范围/℃	距离系数	分辨率/℃	精度/%	发射率
西安西光科技仪器有限公司	HCW-III	0～300	300∶1	1	±5	0.6～1
海门市海达仪表设备有限责任公司	HDTJ-2A	800～1400	—	1	±1	—

续表

生产企业	产品型号	测温范围/℃	距离系数	分辨率/℃	精度/%	发射率
香港 CEM	DT-8818	−50～550	12∶1	0.1	±1.5	0.95
紫光股份有限公司	TH-IR101F	30～45	—	0.1	0.2	—

随着近几十年电子产品、半导体材料、计算机技术飞速发展，辐射测温法的研究也进入白热化阶段，且不断有新的辐射测温方法冒出。世界各国都在投入大量的人力、物力和财力等来研究辐射测温技术，这种测温技术甚至成为衡量一个国家的国防力量的指标。掌握辐射测温技术的发展趋势，有助于后续辐射测温技术的研究和实验系统的开发。

近几十年，随着人们对温度测量精确度的要求不断提高，辐射测温技术迅速发展。目前辐射测温仪表正在向高准确度、高灵敏度、快速、超高温、超低温、图像扫描、微小目标测量、智能化等方向发展。随着测温理论的发展和技术水平的提高，新的测温理论、方法和测温仪表会不断出现，辐射测温技术的发展将会不断得到推动[43]。

辐射测温法最大的发展障碍是受到被测对象、周围环境物体等的发射率影响而无法得到被测对象的真实温度。因此，多年来有很多科学家和学者研究减少或补偿发射率影响下的真实温度，努力提高被测对象的温度精确度。目前，比较典型的对辐射测温修正的方法有 6 种，分别为发射率修正法、减小发射率影响法或称逼近黑体法、辅助源法或称测量反射率法、偏振光法、反射信息法，以及多光谱辐射测温法。这 6 种修正方法的处理模型不同，其精度影响、适用的测温范围也不同[44]。

尽管这些方法比较成功，但是在实际应用中都无法避免本身存在的局限性，因而不能从根本上解决发射率的影响。在众多辐射测温方法中，比色测温技术[45-57]在一定程度上解决了发射率的影响问题，因此得到了深入的研究和发展。

1.1.1　国外辐射测温技术研究现状

自然界中我们通过肉眼观察到的各种颜色的光属于可见光。研究发现，电磁波的频率范围极广，电磁波波谱如图 1-3 所示，可见光在电磁波波谱中的占比极小，电磁波波谱还包含无线电波、红外线、紫外线、X 射线等肉眼不可见光。

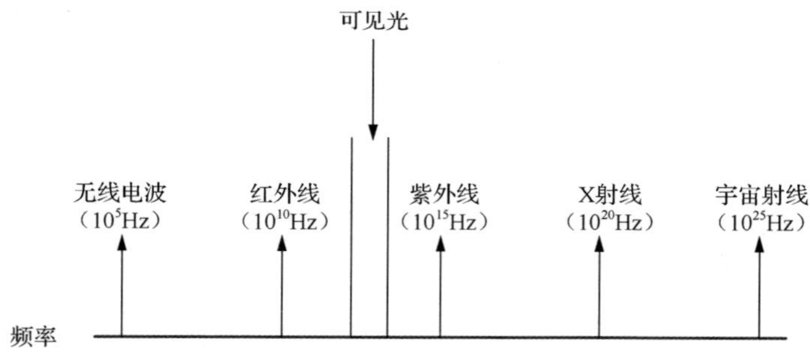

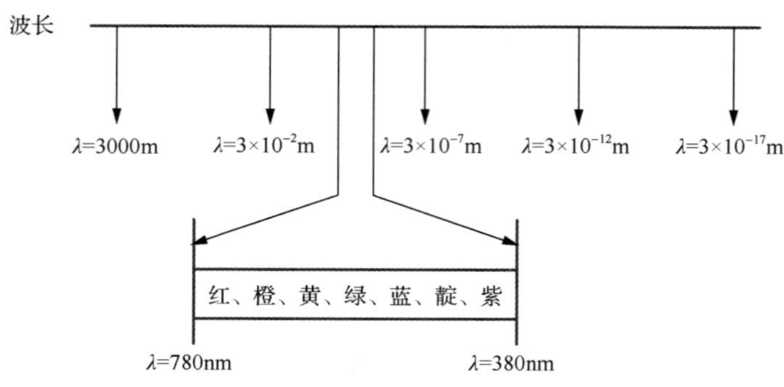

图 1-3　电磁波波谱

红外线波段位于无线电波波段与可见光波段之间，且波长跨度较大，可被分为 4 个不同的波段，具体分布如表 1-4 所示。实验结果表明，只要物体温度超过-273℃，就会向外发射辐射波，且辐射波中总会有红外线存在。我们在日常生活中见到的物体的温度已经远远高于这一数值，故周围的物体每时每刻都在向外辐射红外能量。只是红外线属于不可见光的范畴，我们无法用肉眼观察到。

表 1-4 红外线波长表

红外线	波长/μm
近红外	0.76～3.0
中红外	3.0～6.0
远红外	6.0～15.0
极远红外	15.0～1000

不同波段的电磁波可以反映出不同的颜色，而可见光波长范围较小，只能反映出红、橙、黄、绿、蓝、靛、紫这 7 种颜色。与可见光相比，红外线的波长范围跨度极大（最短波长约为最长波长的 1/10），其可反映出 70 种不同的颜色（只是我们肉眼看不到）。为了观察红外线，人们设计出了红外探测设备。红外线的传播会受到传输介质的影响而产生不同程度的信号衰减。不同波长的红外线，辐射能量衰减幅度不同，在 2～2.5μm、3～5μm、8～14μm，这 3 个波段的红外线受传输介质的影响较小，故很多红外热像仪都工作在这一波段，获得的监测效果极佳。利用红外线的这一特性，可实现夜晚的监测工作，可对目标进行全天候的观察。

1800 年，英国物理学家赫歇尔（F. W. Herschel）发现了红外线，为人类应用红外技术开辟了广阔的道路。在第二次世界大战中，德国人把红外变像管作为光电转换器件，研制成功了主动式夜视仪和红外通信设备，为红外技术的发展奠定了基础。

第二次世界大战以后，第一代用于军事领域的红外成像装置由美国德克萨兰仪器公司开发研制，称为前视红外（Forward Looking Infrared，FLIR）系统，它对被测目标进行红外辐射扫描时主要利用的是光学机械系统。光子探测器接收二维红外辐射迹象后经光电转换及一系列后续电路处理，形成视频图像信号。前视红外系统作为原始形式的系统，可以非实时地自动记录温度分布。从 1950 年开始，由于锑化铟和锗掺汞光子探测器的大力发展，开始出现高速扫描及实时显示目标热图像的系统。

1960 年，开始出现红外热像技术，但其发展一直受到三大环节的制约：一是不同目标有不同的光谱特性，二是目标和探测器之间的环境和距离，三是探测系统的性能[58]。1960 年年初，瑞典 AGA 公司在前视红外系统的基础上增加了测温功能，成功研制出第二代红外成像装置，称为红外热像仪。

传感器技术虽然在早期就很先进，但受其背景限制，直到 1980 年，数字图像处理技术的出现，才促进了热图在用户界面的使用及温度的直接读出。

作为世界最先进的高科技产品之一，红外热像仪的知名品牌主要集中在美国。红外热像仪发展的早期，由于保密的原因，即使在发达国家也仅限于军用，投入使用的热像装置可在黑夜或浓厚的云雾中探测伪装目标和高速运动的目标。国家投入了巨额的研制开发费用及大量的人力和物力，导致仪器成本特别高。为了扩展红外热像仪在民用领域的应用，需要根据实际要求进行一些改进。根据民用要求，结合工业红外探测的特点，以及工业生产发展的实用性，通过压缩仪器造价、降低生产成本、减慢扫描速度、提高图像分辨率等措施使红外热像仪在民用领域有了更为广阔的发展空间。

1965 年前后，第一套工业用的实时成像系统由瑞典 AGA 公司研制成功，该系统采用 110V 电源电压供电，液氮制冷，质量约 35kg，该系统在使用中便携性很差。1986 年研制的红外热像仪已无须液氮或高压气制冷，而是采用热电方式制冷，可用电池供电。1988 年推出了全功能的热像仪，仪器的功能、可靠性和精度都有了显著的提高，它将温度的测量、修改、分析，图像的采集、存储等合为一体，质量小于 7kg[59]。

从 1990 年开始，美国 FSI 公司研制成功了由军用技术（FPA）转民用并商品化的新一代红外热像仪。这种热像仪技术功能更加先进，探测器采用焦平面结构，现场测温时对准目标拍摄，摄取的图像存储到 PC 卡上。各种参数的设定及对数据的修改和分析都可以在室内通过软件实现，最后得出检测报告。由于取消了复杂的光机扫描，使得仪器的质量大大降低，还不足 2kg，使用时单手即可方便地操作，如同手持摄像机一样。

在仪器制造方面，红外热像仪的发展经历了以下几个阶段[60]：1958 年，第一台纯军事用途的红外热像仪诞生。20 世纪 60 年代初，世界上第一台用于工业检测领域的红外线热像仪诞生，尽管体积庞大而笨重，但作为一种检测工具很快在各种应用中找到了它的位置，特别是在电力维修保养中体现了它的重要价值，首次用于动力线检测。热像仪的发展过程如下。

（1）1973 年，世界上第一台便携式红外热像系统诞生。

（2）1979 年，世界上第一台与计算机连接的热像系统诞生，它具有数字成像处理系统。

（3）1986 年，世界上第一台热电制冷红外热像系统面世，从此热像仪摆脱了大气瓶。

（4）1991 年，世界上第一台真正双通道数字式 12bit（比特）、研究型热像系统——THV900（AGEMA）诞生。

（5）1995 年，第一台获得 ISO9001 质量管理体系认证的、焦平面、内循环制冷型热像系统出现。

（6）1997 年，世界上第一台非制冷、长波、焦平面热像仪（THV570）诞生，这是红外领域一次革命性转变，它将世界红外检测技术推向一个崭新的阶段，热像仪启动速度由原来的 5min 降到 45s。

（7）2000 年，世界上第一台集红外和可见光图像为一体的非制冷、长波、焦平面的红外热像仪诞生。

（8）2001 年，我国首台非制冷红外热像仪由华中光电研究所研制成功，技术水平国际领先，标志着我国红外探测技术取得划时代的突破，应用前景广阔。

（9）2006 年，全球第一台采用 640 像素×480 像素非制冷、微热量型探测器的便携式红外热像仪 ThermaCAM^{TM} P640 由 FLIR Systems 推出[61]。

（10）2007 年，FLIR Systems 推出 InfraCAM^{TM} SD 红外热像仪，该热像仪具有大容量存储能力，并进行了图像质量、测温功能和存储容量方面的改进。

（11）2012 年 4 月，美国知名的《红外热像仪时报》（*Thermal Infrared Imager Times*），发布了 2011 年全球红外热像仪品牌排名，美国 RNO 连续 5 年荣登销售榜首，占据了 60%的市场份额。其中 PC160、PC384 风靡全球。2013 年，RNO 推出其全新款 IR 系列红外热像仪，不到半年时间，RNO IR160 就取代了 RNO PC160 的位置。

（12）2022 年红外热像仪品牌排行榜，国际榜前列的有飒特红外（中国）、FLIR（美国）、Bosch（德国）、Testo（德图）等。

红外辐射测温技术在医学领域的应用已经有 60 多年的历史了，1957 年第一次使用热像技术探测乳腺癌，在那之后开展了对恶性肿瘤及乳腺癌的早期诊断，风湿性关节炎、伤口愈合的红外观察和发病状况的诊断，耳鼻喉疾病的诊断，牙科治疗初步研究，胸部肿块等的红外诊断[62-63]。红外辐射测温技术作为一种新的诊断手段在医学领域中应用广泛。例如，发现表浅肿瘤如皮肤癌、甲状腺癌等，确定冻伤和烧伤边缘，合理地选择截肢部位，确定脉管炎以及其他炎症，确定骨折、挫伤、骨髓炎，对妇产科临床如胎盘的定位，对植皮、脏器移植后排异反应的观察，对针灸的经络穴位温度反应，等等。这些应用体现出了红外辐射测温技术日益强大的能力，红外辐射测温技术对医疗卫生事业的发展提供了更广阔的空间。

1980 年，农业和环境检测方面也开始广泛应用远红外辐射技术。对探测目标通过空中摄像技术进行宽范围的检测和分析。随着敏感摄像技术的不断发展，对植物单株水平的研究也逐步开展。利用其多功能性、准确性和较高的分辨率可以实时进行单株植物幼苗及其叶片的观测。开展的研究包括在重力作用下对植物叶片表面与周围环境之间热交换影响的研究、大麦突变体的筛选、在胁迫环境中对植物的研究、对植物气孔导度的研究、在寒冷环境中对植物体内的冰核形成过程的观测研究、谷类作物由于阵风和疾病而造成的旗叶的温度差异测量、单细胞的研究、叶片蒸腾速率研究等，且研究成果非常显著[64-66]。

目前，红外热像系统已经在消防、电力、石化以及医疗等领域得到了广泛的应用。红外热像仪在世界经济发展中正发挥着举足轻重的作用。

1.1.2 国内辐射测温技术研究现状

随着半导体技术和计算机技术突飞猛进的发展，我国红外热像仪的制造水平、性能指标也有了明显提高，仪器的测量精度、响应速度、稳定性、分辨率都达到了相当高的水平，软件功能也不断完善。红外热像测温技术研究、技术标定及技术应用研究等方面也取得了丰硕成果。

我国对红外技术的研究起步于 1949 年，目前从事红外热像技术研究的单位主要有中国科学院上海技术物理研究所、昆明物理研究所、华北光电技术研究所等。目前我国能自行研制生产多种型号的制冷红外热像仪，全国首台非制冷红外热像仪于 2001 年由华中光电技术研究所研制成功，并投入批量生产。这些成果的取得，标志着我国将结束红外热像仪长期依赖进口的局面，同时也意味着红外热像仪产品价格的下降，以及应用领域的进一步扩大。

我国在 1960 年前后研制成功了第一台红外测温仪——红外光电测温仪，它相当于一个自动光学高温计，测温精度较低，响应时间较慢，现已被淘汰。

早在 1970 年我国有关单位就已经开始研究红外热像技术，到了 1980 年年初，我国在长波红外元件的研制和生产技术上取得了长足进展。到了 1990 年年初，我国已经成功研制了实时红外成像样机，其灵敏度、温度分辨率等性能指标都达到了很高的水平。我国在红外成像设备上开始使用宽频带低噪声前置放大器，随着微型制冷器等关键技术的发展，红外热像设备从实验走向应用，最开始主要用于部队，如反坦克导弹、便携式野战热像仪、防空雷达、军舰火炮和坦克等。随后，我国又生产了用单板机或单片机作信号处理和线性化及数字显示的测温仪，用光纤束作为光学系统的测温仪。

2001年，我国实现了红外热像仪的国产化，第一台国产红外热像仪在昆明研制成功。但是，其与世界先进水平热像仪的差距还是非常大的。中国当时才推广第一代红外热像仪，国外已经在部队上装备第二代红外热像仪，并开始了第三代热像仪的研发工作。国际上，美国、法国、以色列是这一行业的先行者，其他国家包括俄罗斯在内都处在追赶者行列。

到目前为止，我国大部分工业用热像仪主要靠引进国外产品，但红外热像仪的民用产品，医疗仪器的制造与应用相对较多。

热像仪在军事和民用方面的应用非常广泛。随着热像技术的成熟，各种适于民用的低成本热像仪不断问世，它在国民经济各个领域发挥着越来越重要的作用。红外热像仪的应用按其用途可以大体分为两大类：一为定性观察，二为定量分析。定性观察是根据图像判断物体的存在和运动，主要应用于军事、安检、消防、监控等方面。定量分析是利用红外热像仪的测温功能对物体的温度分布进行分析。如在医学检验方面，可以对人体的温度分布进行测量分析，并据此确定其健康状况。该方法是对人体无损伤、无疼痛的健康检测方法。在科学研究和环保节能等方面，都需要对被研究对象的温度分布进行定量检测。以上应用领域都要求热像仪具有测温功能。在2003年“非典”期间，社会公众对红外热像仪的测温功能提出了很高的要求。在工业现场，很多设备经常处于高温、高压和高速运转状态，为了保证设备的安全运转，及时发现异常情况，方便排除隐患，可以利用红外热像仪对这些设备进行检测和监控。同时，对于工业产品质量控制和管理也可以利用热像仪。如可用热像仪对钢铁工业中的高炉和转炉所用耐火材料的烧蚀磨损情况进行观测，根据观测结果及时采取措施检修，防止事故发生。在电子工业中，也可以用热像仪检测半导体器件、集成电路和印刷电路板等的质量情况。2020 年，突如其来的新型冠状病毒感染疫情（以下简称新冠疫情），让“测温”技术走入大众视野。随着疫情的不断升级，人们出入公共场所、乘坐交通工具等都会被要求进行体温测量。为避免检查工作人员与人流直接接触发生反复交叉感染，火车站、地铁、机场、码头、客运站等交通枢纽及医院、学校、商超、企业等人员密集地纷纷利用红外辐射测温技术，采用非接触式的无感测温方式（图 1-4），实行人员体温检测，快速筛查疑似感染者，同时实现人员快速高效通行，控制人群聚集，降低交叉感染风险。红外辐射测温技术对防控新冠疫情具有重要意义，红外热像仪现在已经成为日常生活不可或缺的温度监控设备。

图 1-4　非接触式的无感测温方式

随着技术的不断发展，目前市面上常见的测温方式主要有三类，分别是体温计测温、测温枪测温及红外热成像测温。

传统的水银体温计将逐步退出历史舞台，因为根据《关于汞的水俣公约》，中国自2020年起将禁止生产和进口含汞产品。除了水银体温计，常用的还有电子体温计，其使用方法和注意事项与水银体温计相似，不同品牌电子体温计所需的测温时间从30s到3min不等。但在疫情防控期间，这种接触式的测量方式难免会存在交叉感染的风险。

测温枪，如额温枪、耳温枪，主要依靠传感器接收人体的红外线来判断体温，一般只需3～5s即可完成单人温度测量。但此种方式需要测温人员掌握正确的测温方法，如额温枪的枪头应对准被测者额头中心，两眼中间略靠上的位置，距离额头不超过3cm，过近或过远测量都容易导致测量结果不准确。测温枪对于突发的疫情来说，无法满足大面积快速测温的海量需求，效率上大打折扣。

红外热成像测温，并不是直接测量体温，而是“看到”体温。自然界中的任何物体，包括我们人的身体，每时每刻都在往四周辐射红外线。红外热成像测温设备通过将人体发出的不可见红外能量转变为可见的热像图，达到“通行即测温”的效果。在不影响公共场所进出通行效率的前提下，红外热成像测温可自动实现非接触式、远距离、大面积、大客流的人体高精度测温，达到疫情防控目的，一举两得。在新冠疫情防控期间，红外热成像摄像机在机场、火车站、地铁站等人流量大的交通枢纽场所，医院、大型企事业单位、学校等人群密集的公共场所被广泛投入使用，图1-5是不同距离下监测到的人体额温热像图，发射率设置为0.98。

从北京升哲科技有限公司（SENSORO）在北京、湖北等各地部署的灵思智能安全服务系统来看，整套系统通过大范围红外测温、人脸识别等功能的应用，已为疫情防控提供了可靠的技术保障。SENSORO 灵思智能安全服务系统能针对区域内的人员体温、人脸/人形、人流轨迹等数据进行 24h 实时监测，实现体温异常预警、未佩戴口罩预警、人群聚集预警等多重指标的动态监测，及时发现潜在隐患，以无接触式智能监测提升防控效率。同时，灵思大数据平台还可生成区域内的人员温度及流动大数据，分析出疫情高风险人员的行为轨迹、逗留场所、潜在接触人群等有助于掌握疫情防控的关键数据，为疫情防控守住“生命线”。

图 1-5 彩图

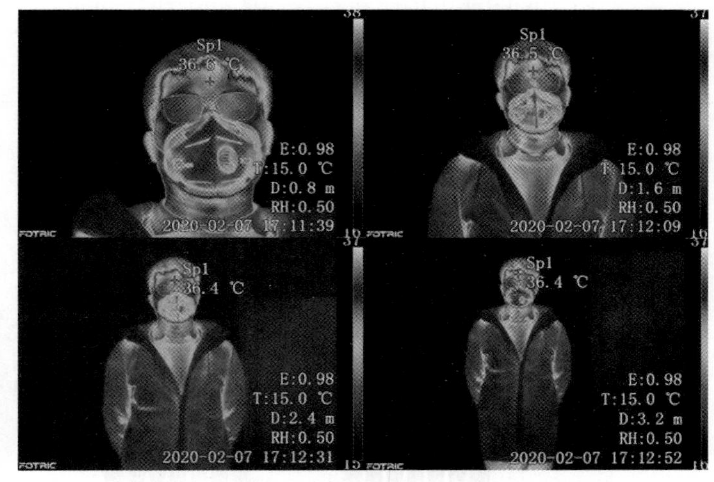

图 1-5　不同距离下监测到的人体额温热像图

此外，红外热像仪在治安、消防、医疗[67-68]、考古、交通、农业和地质等许多领域均有重要的应用[69-76]，如森林探火、火源寻找、建筑物漏热查寻、海上救护、矿石断裂判别、公安侦查、导弹发动机检测，以及各种材料和构件的红外热像无损检测与评价[77-81]、建筑物的红外热像检测与节能评价[82-84]、电力和石化设备状态的红外热像诊断[85-86]、自动测试[87]、灾害防治、地表/海洋热分布研究[88-91]等。

1.2 辐射测温领域的主要问题

科研领域的温度测量最重要的是实验数据的准确性，包括测点温度信息的准确性和测点几何位置信息的准确性。辐射测温主要存在三个问题：一是高温测量即测温上限的扩展问题，二是发射率问题，三是大气透过率对精确测温的影响问题。利用红外测温热像仪对辐射目标进行温度测量时，其测量结果与辐射目标的辐射温度估计值会有较大的偏差，并随温度升高偏差有逐渐增大的趋势。虽然测温热像仪出厂时均经过标定，但其标定多在实验室条件下进行，在实验室环境下标定过的测温热像系统不适宜外场使用。而且，测温软件中应用的大气透过率修正软件也多为标准大气条件，但外场环境复杂多变，测温系统自带软件不能很好地模拟外场复杂大气条件，要实现外场辐射目标的准确测温，必须对测温系统和待测辐射源目标在相同环境、相同距离的条件下进行标定，即对大气透过率参数做二次修正。

红外辐射测温非常依赖于被测物体表面的发射率，又容易受到大气透过率的影响，一般都需要对测量结果进行修正才可得到真实温度。比色测温法采用波长窄带比较技术，能够克服辐射测温方法的诸多不足，即使在非常恶劣的条件下，如有烟雾、灰尘、蒸汽和颗粒的环境，甚至在目标表面发射率变化的条件下，仍可获得较高的精度。

比色测温技术基本克服了红外辐射测温技术必须知道被测物体发射率的缺点，且能在一定程度上消除外界对测温系统的干扰。常用的比色测温法是选定单一的波长，但比色测温系统中的滤光片是存在一定带宽的，也就是说，单一的波长代替带宽来计算物体真温必然存在误差。而且，目前比色测温法主要应用于高温测量，对中低温物体的测量还没有成熟的技术。针对以上问题，考虑在宽波段范围内利用双波段比色测温技术搭建针对中低温测量的双波段比色测温系统，该系统不需要知道目标发射率，也能较为精确地得到中低温物体真温。

1.3 本书的主要研究内容

红外辐射测温主要受被测物体表面发射率的影响，但反射率、大气温度、环境温度、测量距离和大气衰减等因素的影响也不容忽视，这些直接影响了测温的准确性，当然也影响了测温仪在一些领域中的应用。特别是物体表面发射率这一参数，如果估计不准，对测温准确性的影响非常大。本书将深入研究红外辐射测温的相关理论、方法、关键技术及系统校准方法，为目标表面温度的精确测量和后续的宽波段比色测温法的研究奠定坚实的理论和技术基础，同时也为宽波段比色测温系统的应用研发提供一定的实验基础。本书研究的主要内容包括以下 7 个方面。

（1）热辐射理论和红外辐射测温系统的研究。根据普朗克定律，系统分析各种因素对红外热像仪测温的影响，给出在测量物体表面温度时被测物体表面发射率、吸收率、大气透过率、大气温度和环境温度误差对测温误差的影响关系，为精确测温提供理论基础。

（2）建立红外辐射测温模型。根据热像仪接收到的被测目标的有效红外辐射，建立辐射测温方程，将要进行目标温度场到等效温度场（部分辐射温度）的建模方法研究。通过对被测物体表面发射率、反射率和透射率关系的研究，并结合红外物理中的三大辐射定律得到被测物体表面的有效辐射，建立热像仪内部的校准曲线，为红外热像仪的精确测温提供保证。

（3）红外热像外场精确测温方法的研究。为了达到准确测量未知辐射源目标辐射温度的目的，对大气透过率进行二次标定，利用二次修正系数对未知辐射源测量值进行修正。

（4）建立宽波段比色测温模型。根据热辐射理论和比色测温原理，系统分析了各种因素对比色测温系统的影响，如测试环境、探测波长及光学系统响应波段等。

（5）搭建宽波段比色测温实验平台。借用国防科技工业光学一级计量站的标准装置对实验系统的主要器件进行标定，实现实验平台的校准。在恒温 20℃、恒湿 50%条件下，用面源黑体对搭建的宽波段比色测温实验平台进行校准。根据实验结果，论证实验原理的正确性，证明宽波段比色测温实验系统的可行性，为宽波段比色测温系统的精确测温提供保证。

（6）利用宽波段比色测温实验平台对水、燃烧的蜡烛、可控温电热炉等实物进行温度测量，实验测试结果验证了宽波段比色测温系统的实用性和准确性。

（7）搭建疫情防控监测系统。该系统以树莓派 4B 为主核心板，搭配多功能 AI 扩展板、结合 Open CV 计算机视觉库，以及语音、视觉识别处理、网络编程等技术，利用该装置能够实现行人面部口罩识别、人体温度检测、目标检测、身份验证等功能。

第 2 章

红外辐射测温物理模型

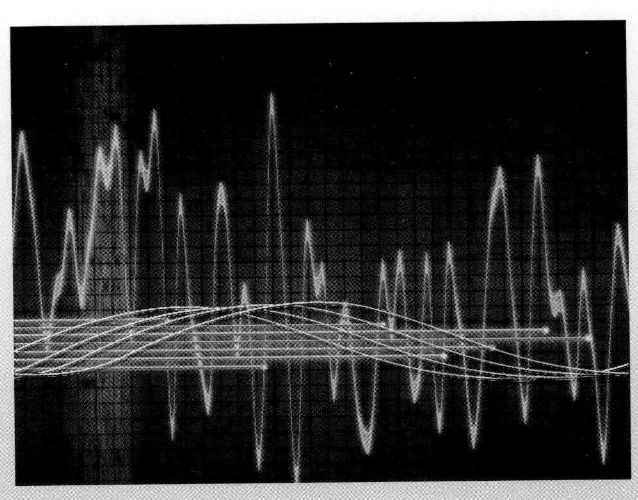

2.1 辐射温度测量概述

温度是工业生产中重要的工艺参数。但是，要想准确地测量温度是非常困难的，无论采用准确度多么高的测温仪器，如果测温仪器选择不当，或者测试方法不适宜，均不能得到满意的结果。由此可以看出测温技术的重要性与复杂性。

2.1.1 热与温度

科学研究表明，热是物质的微观运动，运动越剧烈，物体就越热[92-94]。而高于绝对零度的物体都会向外辐射能量。

能够科学地反映物体冷热程度的物理量，我们称其为温度。温度是一个特殊的物理量，温度计量不能像长度计量那样，简单地采用叠加的办法。例如，两壶 100℃的开水倒在一起，温度仍然是 100℃，而绝不会是 200℃。自然界中不存在处于绝对零度的物体，因为组成物质的粒子是不可能完全静止的。理论和充分的实验研究表明，任何高于物理意义上绝对零度的物体都向外发出辐射，大部分辐射波长都在红外波长范围。同时可知，红外线的热效应比可见光要强得多。尽管自然界普遍存在着红外辐射，但是因为辐射的光波波段不在可见光波波段范围内，所以无法用我们的肉眼看到。由此，红外辐射也称热辐射。

2.1.2　温标

为了保证温度量值的统一和准确，需要建立一个用来衡量温度的标准尺度，简称温标。温标是温度的“标尺”，它利用一些物质的相平衡温度作为固定点刻在标尺上。固定点中间的温度值则利用一种函数关系来描述，称为内插函数（或称为内插方程）。温标就是依据测量一定的标准划分的温度标志，就像测量物体的长度要用长度标尺——“长标”一样，是一种人为的规定，或者叫作一种单位制。温标的引入是为了定量确定温度，是物体冷热程度的客观表示。通常把温度计、固定点和内插方程叫作温标的三要素（或三个基本条件）。目前常用的温标有三种：摄氏温标、华氏温标和开氏温标。

1. 经验温标

利用某种物质的物理特性和温度之间的变化关系，用实验方法或经验公式来确定的温标，称为经验温标。经验温标的三要素为测温物质及其测温属性、定标点、分度法。经验温标包括华氏温标、摄氏温标、兰氏温标、列氏温标等。

摄氏温标又称百分温标，它把标准大气压下冰的熔点定为零摄氏度（0℃），把水的沸点定为一百摄氏度（100℃），在 0℃到 100℃之间划分 100 等份，每一等份为一摄氏度（1℃）。

华氏温标规定标准大气压下冰的熔点为 32℉，水的沸点为 212℉，中间划分 180 等份，每一等份称为一华氏度（1℉）。

2. 热力学温标

由于经验温标具有局限性和随意性的缺点，物理学家开尔文（Kelvin，曾用名 W. Thomson）在热力学第二定律的基础上提出一种完全不依赖于任何测温物质及其属性的温标。它是以冰、水和水汽平衡共存的三相点为 273.16K，以分子热运动的动能等于零的绝对零度为零点的温标。这是最理想的温标，与任何的物质与性质无关。热力学温标又称开氏温标或绝对温标，其单位用 K 表示。

摄氏温标（t）、华氏温标（t_F）和开氏温标（T）三者之间的关系如图 2-1 和表 2-1 所示。美国使用华氏温标，世界上其他国家多使用摄氏温标，但在科学研究中多使用开氏温标。

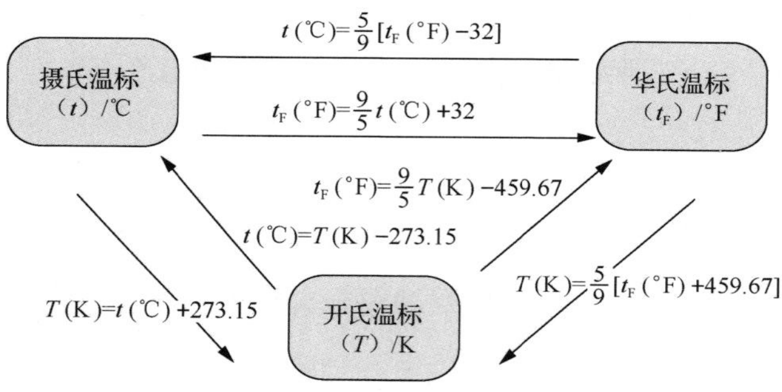

图 2-1 三种温标之间的关系

表 2-1 三种温标之间的关系表

温标	单位	符号	固定点的温度值			
			绝对零度	冰点	三相点	汽点
开氏温标	K	T	0	273.15	273.16	373.15
摄氏温标	℃	t	−273.15	0.00	0.01	100.00
华氏温标	℉	t_F	−459.67	32.00	32.02	212.00

3. 国际温标

为了统一各国的温度计量，从 1927 年起，国际上多次制订协议性的国际温标。第一个国际温标是 1927 年国际温标（ITS-27），此后相继有 1948 年国际温标（ITS-48）、1968 年国际实用温标（IPTS-68）和 1990 年国际温标（ITS-90）。

从 1990 年 1 月 1 日开始，各国陆续采用 ITS-90。我国从 1994 年 1 月 1 日起全面实行 ITS-90。

2.1.3　黑体模型与基尔霍夫定律

红外测温的底层理论离不开几位杰出的物理学家——基尔霍夫（G. R. Kirchhoff）、斯特藩（J. Stefan）、玻尔兹曼（L. E. Boltzmann）、维恩（W. Wien）、普朗克（M. Planck）的贡献，图 2-2 是几位物理学家的照片。

图 2-2　物理学家基尔霍夫、斯特藩、玻尔兹曼、维恩、普朗克

黑体（Black body）一词是 1862 年由德国物理学家基尔霍夫命名并引入热力学的，黑体所辐射出的光线称作黑体辐射。黑体是一个理想化的物体，它能够吸收外来的全部电磁辐射，并且不会有任何的反射与透射。换句话说，黑体对于任何波长的电磁波的吸收率都为 1，透射系数都为 0。物理学家以此作为热辐射研究的标准物体。黑体的特点如下。

（1）在任何温度下，完全吸收任何波长的外来辐射而无任何反射的物体。

（2）吸收率为 1 的物体。

（3）在任何温度下，对入射的任何波长的辐射全部吸收的物体。

以上三条等价。

黑体的吸收率α=1，这意味着黑体能够全部吸收各种波长的辐射能。尽管在自然界中并不存在黑体，但用人工方法可以制造出十分接近黑体的模型。黑体模型的原理如下：取工程材料（它的吸收率必然小于黑体的吸收率）制造一个球壳形的空腔，使空腔壁面保持均匀的温度，并在空腔上开一个小孔。射入小孔的辐射在空腔内要经过多次吸收和反射，而每经历一次吸收，辐射就能按照内壁吸收率的大小被减弱一次，最终能离开小孔的能量是微乎其微的，可以认为射入小孔的辐射完全在空腔内部被吸收。所以，就辐射特性而言，小孔具有与黑体表面一样的性质。值得特别指出的是，小孔面积占空腔内壁总面积的比值越小，小孔就越接近黑体。若这个比值小于 0.6%，当内壁吸收率为 60%时，经计算小孔的吸收率可以达到 99.6%。应用这种原理建立的黑体模型，在黑体辐射的实验研究及为实际物体提供辐射的比较标准等方面都具有非常重要的作用。

19 世纪后半期，基尔霍夫在研究辐射传输过程中的发现为辐射测温技术的飞速发展提供了重要依据。基尔霍夫指出，在任意给定的温度下，辐射能量密度和吸收率之比，对任何材料都是常数。进而，基尔霍夫提出，“黑体”一词可用来说明能吸收所有方向和波长入射辐射全部能量的物体。很显然，黑体是一种理想化的存在，在自然界中并不存在真正的黑体。1859 年，基尔霍夫做了用灯焰烧灼食盐的实验。在对这一实验现象的研究过程中，得出了关于热辐射的定律，后被称为基尔霍夫定律（Kirchoff’s Law），它用于描述物体的发射率与吸收率之间的关系。在热力学平衡的条件下，各种不同物体对相同波长的单色辐射出射度与单色吸收率之比值都相等，并等于该温度下黑体对同一波长的单色辐射出射度，该比值只与波长和温度有关。

基尔霍夫定律指出：物体的辐射出射度 W 与吸收率 α 的比值与物质性质无关，即

$$\frac{W}{\alpha} = f\left(T\right) \tag{2-1}$$

这是理想的状态。当一定的辐射能量 P_i 入射到一个物体表面时，实际上会有三种过程发生：一是部分能量 P_o 被吸收，二是部分能量 P_r 从物体表面反射，三是部分能量 P_t 透射。根据能量守恒定律，有

$$P_i = P_o + P_r + P_t \tag{2-2}$$

对其进行归一化处理，则有

$$\alpha + \rho + \tau = 1 \tag{2-3}$$

其中，从左数第一项 α 是吸收能量与入射能量之比，表示物体的吸收率。第二项 ρ 是反射能量与入射能量之比，表示物体的反射率。

第三项 τ 是透射能量与入射能量之比，表示物体的透射率。

虽然黑体模型在物理意义上是一种绝对理想化的模型，并不真实存在，但是在理论研究中通常选择黑体模型。黑体又称黑体辐射炉、黑体辐射源、红外标定源等。黑体的主要功能是产生一定温度下的标准辐射。在温度计量中，黑体主要用于核定各种辐射温度计，如光学高温计、红外温度计、红外热像仪等。在光学领域，普遍采用黑体作为标准辐射源和标准背景光源。在测温领域，黑体主要用于测量材料的光谱发射、吸收和反射特性。在高能物理的研究中，黑体可用作产生中子源。因此，黑体是理论分析和辐射测量的基础。

2.2 红外辐射测温理论

一切温度高于绝对零度的物体都在以电磁波的形式向外辐射能量，其辐射能包括各种波长，其中波长范围在 0.76～1000μm 之间的称为红外线。红外线在电磁波连续频谱中处于无线电波与可见光之间的区域。按波长范围可分为近红外、中红外、远红外、极远红外四类。任何物体在绝对零度以上都会产生分子和原子的无规则运动并不停地向外辐射热红外能量。分子和原子的运动越剧烈，辐射的能量越大。在自然界中红外线辐射是存在最广泛的电磁波辐射，辐射测温技术的广泛应用也是因为红外线具有很强的温度效应。热辐射投射到物体上会产生反射、吸收和透射现象。吸收能力越强的物体，反射能力就越差。能全部透射辐射能的物体称为透明体；能全部吸收辐射能的物体称为黑体；能全部反射辐射能的物体，当呈现镜面反射时称为镜体，呈现漫反射时称为白体。显然，透明体、黑体、镜体、白体都是理想物体[95]。物体表面温度与物体的红外辐射能量、波长的大小均有着十分密切的关系。因此，通过测量物体红外辐射能量，能准确地测定物体表面温度，这是红外辐射测温所依据的客观理论基础[96]。红外热像仪为实时表面温度测量提供了有效、快速的方法。

2.2.1　辐射的基本定律

1. 黑体辐射定律

黑体能吸收所有波长的辐射能，没有能量的反射和透射。在理论研究中为了弄清和获得红外辐射的分布规律必须选择合适的模型，于是普朗克提出了基于腔体辐射的量子化振子模型，称为普朗克黑体辐射定律，简称黑体辐射定律。这是一切红外辐射理论的出发点，黑体的光谱辐射度 M_λ 可以用波长的函数表示，如式（2-4）所示。

$$M_\lambda = \frac{c_1 \lambda^{-5}}{\mathrm{e}^{c_2/\lambda T} - 1} \tag{2-4}$$

式中：c_1——第一辐射常数，$c_1 = 2\pi hc^2 = 3.7418 \times 10^{-16}\,\mathrm{W/m^2}$；

c_2——第二辐射常数，$c_2 = hc/k = 1.4388 \times 10^{-2}\,\mathrm{m \cdot K}$；

λ——光谱辐射的波长，单位为μm；

T——黑体的绝对温度，单位为 K。

其中，k 为玻尔兹曼常量，$k = 1.3807 \times 10^{-23}\,\mathrm{J/K}$。

将不同的温度值代入式（2-4）得到多组黑体的光谱辐射度-波长关系曲线，如图 2-3 所示。

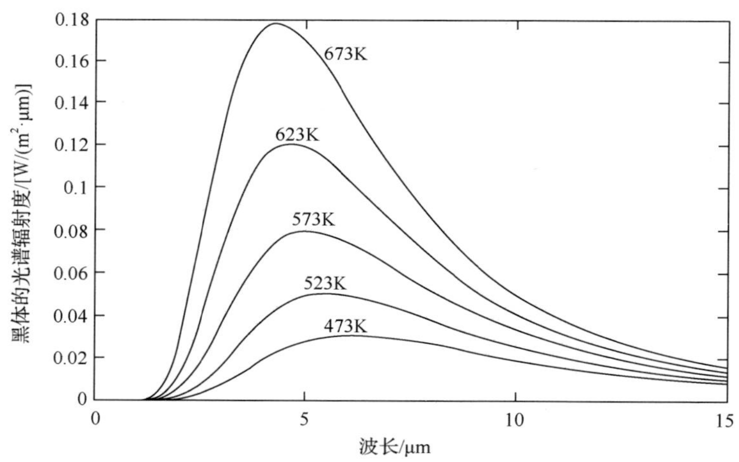

图 2-3　黑体的光谱辐射度-波长关系曲线

从图 2-3 中的曲线可以看出黑体辐射存在的普遍规律如下。

（1）在任何温度下，黑体的光谱辐射度都随着波长连续变化，每条曲线只有一个极大值。

（2）随着温度升高，与黑体的光谱辐射度极大值对应的波长减小。这表明随着温度升高，黑体辐射中的短波长辐射所占比例增加；不同温度的辐射能量曲线，其辐射能量最大值所对应的波段不同。

（3）随着温度升高，黑体辐射曲线整体提高，即在任一指定波长处，与较高温度相应的黑体的光谱辐射度也较大，反之亦然。

2. 斯特藩-玻尔兹曼定律

斯特藩-玻尔兹曼定律的表达式如式（2-5）。

$$M = \int_0^\infty M_\lambda \mathrm{d}\lambda = \sigma T^4 \tag{2-5}$$

式中，σ 是斯特藩-玻尔兹曼常量，$\sigma = 5.6703 \times 10^{-8}\,\mathrm{W/(m^2 \cdot K^4)}$。

3. 维恩位移定律

维恩位移定律的表达式如式（2-6）所示。

$$\lambda_\mathrm{m} T = (2897.8 \pm 0.4)\mu\mathrm{m} \cdot \mathrm{K} \tag{2-6}$$

4. 兰波特定律

对于一个非黑体的实际辐射体，整个波长范围内的辐射出射度表示为

$$M = \varepsilon \sigma T^4 \tag{2-7}$$

式中

$$\varepsilon = \left(\int_0^\infty \varepsilon_\lambda M_\lambda \mathrm{d}\lambda \right) / \sigma T^4 \tag{2-8}$$

是光谱发射率的平均效果，称为辐射体的发射率。

2.2.2　普朗克定律

普朗克于 1900 年提出能量量子化假设，建立了辐射出射度的公式，黑体的光谱辐射出射度的表达式为

$$M_\lambda = \frac{c_1}{\lambda^5[\exp(c_2 / \lambda T) - 1]} \tag{2-9}$$

式中：M_λ 为黑体的光谱辐射出射度，单位为 $\mathrm{W/(m^2 \cdot \mu m)}$；

λ 为辐射电磁波的波长，单位为 μm；

T 为黑体热力学温度，单位为 K；

$c_1 = 3.7418\times10^{-16}\,\mathrm{W/m^2}$，$c_2 = 1.4388\times10^{-2}\,\mathrm{m\cdot K}$。

普朗克定律描述了黑体辐射的光谱分布规律，是黑体辐射的理论基础。

2.2.3 维恩位移定律

由 2.2.2 节中介绍的普朗克定律可知，对于一定的温度，绝对黑体的光谱辐射出射度存在一个极大值，此极大值的波长定义为峰值波长 λ_m。1894 年，维恩指出绝对黑体光谱辐射峰值波长 λ_m 与热力学温度 T 成反比，即

$$\lambda_\mathrm{m} = 2897.8/T = b/T \tag{2-10}$$

式中，λ_m 为黑体最大光谱辐射出射度的波长，单位为 μm；b 为维恩常数，值为 2897.8 μm·K。式（2-10）是对普朗克公式（2-9）求偏导得到的，称为维恩位移定律。

另外若将维恩位移定律的值代入普朗克公式，可得到黑体光谱辐射出射度的峰值 M_{λ_m}，即

$$M_{\lambda_\mathrm{m}} = BT^5 \tag{2-11}$$

式中，$B = 1.2862\times10^{-11}\,\mathrm{W/\left(m^2 \cdot \mu m \cdot K^5\right)}$。

2.2.4 斯特藩-玻尔兹曼定律

对普朗克定律在整个波段积分可得，黑体的全辐射出射度和黑体热力学温度的四次方成正比，即斯特藩-玻尔兹曼定律

$$M = \sigma T^4 \tag{2-12}$$

式（2-12）中，黑体的全辐射出射度用 M 表示，单位为 $\mathrm{W/m^2}$；斯特藩-玻尔兹曼常量用 σ 表示，其值等于 $5.6703\times10^{-8}\ \mathrm{W/\left(m^2\cdot K^4\right)}$。

由式（2-12）的斯特藩-玻尔兹曼定律可知，黑体的全辐射出射度与热力学温度的四次方成正比。由此说明，温度的微小变化会引起全辐射出射度的很大变化。

2.3 辐射测温的数学模型

通过对红外热成像技术测量原理的分析及热辐射传递过程的了解，初步建立辐射测温的数学模型，包括基于检定常数的数学模型、基于亮度温度的数学模型、基于参考温度的数学模型。

2.3.1 基于检定常数的数学模型

如果多波长温度计有 n 个通道，则第 i 个通道的输出信号 V_i 可表

示为

$$V_i = A_{\lambda_i}\varepsilon(\lambda_i,T)\frac{1}{\lambda_i^5(e^{\frac{c_2}{\lambda_i T}}-1)} \quad (i=1,2,\cdots,n) \tag{2-13}$$

式中，A_{λ_i} 是只与波长有关而与温度无关的检定常数，它与该波长下探测器的光谱响应率、光学元件透过率、几何尺寸及第一辐射常数有关；$\varepsilon(\lambda_i,T)$ 是温度 T 时的目标光谱发射率。

为了便于处理，将式（2-13）改写成下式，即用维恩公式来代替普朗克定律

$$V_i = A_{\lambda_i}\varepsilon(\lambda_i,T)\lambda_i^{-5}e^{-\frac{c_2}{\lambda_i T}} \quad (i=1,2,\cdots,n) \tag{2-14}$$

对于有 n 个通道的多波长温度计来说，共有 n 个方程，包含（n+1）个未知量。即目标真温 T 和 n 个光谱发射率 $\varepsilon(\lambda_i,T)$，如果不在理论上或实验上找出它们之间的关系，此问题很难解决。

在多波长辐射测温学领域被普遍认可的一种假设是：光谱发射率是随波长的变化而变化的，可表达如下：$\varepsilon(\lambda)$ 可以用含有（n−1）个可调参数的波长函数代替，对 n 个不同波长下的辐射通量进行测量，因而可以解出（n−1）个可调参数以及目标真温 T。

目前一些著名的假设方程有

$$\ln\varepsilon(\lambda,T) = a + b\lambda \tag{2-15}$$

$$\ln\varepsilon(\lambda,T) = \sum_{i=0}^{m} a_i\lambda^i \quad (m \leqslant n-2) \tag{2-16}$$

$$\varepsilon(\lambda,T) = a_0 + a_1\lambda \tag{2-17}$$

$$\varepsilon(\lambda,T)=\frac{1}{2}[1+\sin(a_0+a_1\lambda)] \tag{2-18}$$

$$\varepsilon(\lambda,T)=\exp[-(a_0+a_1\lambda)^2] \tag{2-19}$$

将式（2-15）～式（2-19）中的任意一个代入式（2-13），就得到 n 个新方程，而未知数的个数少于或等于 n，因此可以用曲线拟合法或求解方程法得到目标真温和光谱发射率。

由式（2-14）可得

$$\ln\left[\frac{V_i\lambda_i^5}{A_{\lambda_i}}\right]=-\frac{c_2}{\lambda_i T}+\ln\varepsilon(\lambda_i,T) \tag{2-20}$$

以式（2-16）为例，代入式（2-20），可得

$$\ln\left[\frac{V_i\lambda_i^5}{A_{\lambda_i}}\right]=-\frac{c_2}{\lambda_i T}+a_0+a_1\lambda_i+a_2\lambda_i^2+\cdots+a_m\lambda_i^m \tag{2-21}$$

记 $Y_i=\ln\left[\frac{V_i\lambda_i^5}{A_{\lambda_i}}\right]$， $a_{m+1}=-\frac{c_2}{T}$， $X_{m+1,i}=\frac{1}{\lambda_i}$， $X_{1,i}=\lambda_i,\cdots,X_{m,i}=\lambda_i^m$，

则式（2-21）变为

$$Y_i=a_0+a_1X_{1,i}+\cdots+a_mX_{m,i}+a_{m+1}X_{m+1,i} \quad (i=1,2,\cdots,n;m\leqslant n-2) \tag{2-22}$$

由此可用最小二乘的多元回归法求得各项系数 $a_0,a_1,\cdots,a_{m+1}$，进而可求得目标真温 T 和光谱发射率 $\varepsilon(\lambda_i,T)$。

需要说明的是，此种方法需要事先标定好各通道的检定常数 A_{λ_i}，

而 A_{λ_i} 的标定过程较复杂，且 A_{λ_i} 准确与否会直接影响到目标真温 T 和光谱发射率 $\varepsilon(\lambda_i,T)$ 的计算结果。

2.3.2 基于亮度温度的数学模型

如果多波长温度计有 n 个通道，则第 i 个通道测得的亮度温度 T_i 与目标真温 T 的关系为

$$\frac{1}{T}-\frac{1}{T_i}=\frac{\lambda_i}{c_2}\ln\varepsilon(\lambda_i,T) \tag{2-23}$$

将式（2-16）代入式（2-23），可得

$$\frac{1}{T}-\frac{1}{T_i}=\frac{\lambda_i}{c_2}(a_1\lambda_i+a_2\lambda_i^2+\cdots+a_m\lambda_i^m+a_0) \tag{2-24}$$

整理得

$$-\frac{c_2}{\lambda_i T_i}=-\frac{c_2}{\lambda_i T}+a_1\lambda_i+a_2\lambda_i^2+\cdots+a_m\lambda_i^m+a_0 \tag{2-25}$$

记 $Y_i=-\dfrac{c_2}{\lambda_i T_i}$， $a_{m+1}=-\dfrac{c_2}{T}$， $X_{m+1,i}=\dfrac{1}{\lambda_i}$， $X_{1,i}=\lambda_i,\cdots,X_{m,i}=\lambda_i^m$，则式（2-26）变为

$$Y_i=a_0+a_1X_{1,i}+\cdots+a_mX_{m,i}+a_{m+1}X_{m+1,i}\qquad(i=1,2,\cdots,n;m\leqslant n-2) \tag{2-26}$$

需要指出的是，此种方法需要事先标定好各通道的亮度温度，而标定亮度温度的过程不仅很费时间，而且又增加了一次误差积累过

程，所以各通道亮度温度标定准确与否会直接影响到目标真温 T 和光谱发射率 $\varepsilon(\lambda_i,T)$ 的计算结果。

2.3.3　基于参考温度的数学模型

多波长温度计第 i 个通道的输出信号 V_i 的计算公式为式（2-14），在定点黑体参考温度 T' 下，第 i 个通道的输出信号 V_i' 为

$$V_i' = A_{\lambda_i} \cdot \lambda_i^{-5} \cdot \mathrm{e}^{-\frac{c_2}{\lambda_i T'}} \quad [\text{此时}\ \varepsilon(\lambda_i,T') = 1.0] \tag{2-27}$$

由式（2-14）、式（2-27）可得

$$\frac{V_i}{V_i'} = \varepsilon(\lambda_i,T) \cdot \mathrm{e}^{-\frac{c_2}{\lambda_i T}} \cdot \mathrm{e}^{\frac{c_2}{\lambda_i T'}} \tag{2-28}$$

整理得

$$\ln\frac{V_i}{V_i'} - \frac{c_2}{\lambda_i T'} = -\frac{c_2}{\lambda_i T} + \ln\varepsilon(\lambda_i,T) \tag{2-29}$$

将式（2-16）代入式（2-29），且记 $Y_i = \ln\frac{V_i}{V_i'} - \frac{c_2}{\lambda_i T'}$， $a_{m+1} = -\frac{c_2}{T}$，$X_{m+1,i} = \frac{1}{\lambda_i}$， $X_{1,i} = \lambda_i, \cdots, X_{m,i} = \lambda_i^m$，则式（2-29）变为

$$Y_i = a_0 + a_1 X_{1,i} + \cdots + a_m X_{m,i} + a_{m+1} X_{m+1,i} \quad (i = 1,2,\cdots,n; m \leqslant n-2) \tag{2-30}$$

此方法只需测量任一参考温度 T' 下各通道的输出即可，只要在测

量过程中参考温度 T' 稳定，则不论参考温度选为何值，都不会影响目标真温 T 和光谱发射率 $\varepsilon(\lambda_i,T)$ 的计算结果。

2.4　辐射测温法

纵观温度测量的研究[97-106]，在很长一段时间内，辐射测温法抗干扰性和可靠性都不太高，且辐射测温法的测量范围也只限于较高的温度，发展颇为缓慢。但是，随着计算机科学技术的飞速发展与广泛应用，半导体材料的快速进步以及电子技术的迅猛发展，近年来辐射测温技术得到了长足的发展与进步，使得辐射测温显得更加活跃。辐射测温法的优点与缺点如表 2-2 所示。

表 2-2　辐射测温法的优点与缺点

优点	缺点
（1）辐射测温与热电阻或热电偶测温不同，它可用具有明确物理意义的解析公式将被测温度与热力学温度联系起来。 （2）辐射测温是一种非接触式测温，它不影响被测对象的热环境，不破坏被测对象的温度场分布。通常测量目标比较小，可测量被测对象的温度分布。 （3）高稳定、高准确的辐射温度计可作为温度计标准仪器，复现温度。 （4）测温范围广，从理论上讲，辐射测温的测温上限是没有限制的。 （5）辐射温度计通常响应时间短、响应速度快，可以进行遥测	（1）不能直接测量被测对象的内部温度。 （2）由于受被测对象发射率的影响，几乎不能测到被测对象的真温，测量的是表面温度。 （3）测量时受环境因素的影响较大，如受烟雾、灰尘、水蒸气、二氧化碳等中间介质的影响

根据不同的测温原理和测温方法，目前的辐射测温法主要有全辐射测温法、亮度测温法、比色测温法和多光谱测温法。

2.4.1　全辐射测温法

基于斯特藩–玻尔兹曼定律的测温方法就是全辐射测温法，即通过测量物体辐射波长从零到无穷大的整个光谱范围内的辐射功率来确定物体的温度，满足式（2-31）。

$$M_b = \int_0^{\infty} M(\lambda, T)\mathrm{d}\lambda = \sigma T^4 \tag{2-31}$$

式中，σ 是斯特藩–玻尔兹曼常量，其值为 $5.6703 \times 10^{-8}\ \mathrm{W}/\left(\mathrm{m}^2 \cdot \mathrm{K}^4\right)$。

在整个光谱范围内，当温度为 T 的被测物体总辐射通量与温度为 T_r 的绝对黑体相等时，黑体的温度 T_r 就是被测物体的辐射温度 T。被测物在温度为 T 时的总辐射出射度为

$$M = \varepsilon(T)\sigma T^4 \tag{2-32}$$

根据定义有 $\varepsilon(T)\sigma T^4 = \sigma T_r{}^4$，则只要测出全波长范围内的总辐射出射度就可以确定被测辐射源的温度。测量温度 T_r 为黑体的温度，被测辐射源的真实温度为 T，二者的关系为

$$T = T_r \varepsilon(T)^{-\frac{1}{4}} \tag{2-33}$$

式中，$\varepsilon(T)$ 为所有波长的实际物体的总发射率，即全辐射发射率。由于 $\varepsilon(T) < 1$，故所测定的结果 $T_r < T$，需要按物体的 $\varepsilon(T)$ 值进行修正。

由于全辐射高温计能够实现自动测量，使用起来操作方便，而且其结构简单，因此在工业应用中常常用来做固定目标温度的监控装置。对辐射测温仪的发射率修正不当与对被测对象的发射率估计不足，是使用全辐射测温法测量温度时产生测量误差的主要原因。另外，在测量距离内介质的发射率、透过率、吸收率以及周围背景的杂散辐射都会对测量精确度产生影响。

2.4.2 亮度测温法

亮度测温法的基本理论是普朗克定律或维恩公式。亮度测温仪的工作原理是通过测量目标辐射源发射在波长范围$[\lambda,\lambda+\Delta\lambda]$内的辐射功率来确定目标温度。在某一波段内，当一物体的单色辐射出射度等于绝对黑体单色辐射出射度时，此黑体的温度就是该物体的亮度温度，其表达式为

$$M(\lambda,T)=M(\lambda,T_l) \tag{2-34}$$

根据亮度温度的定义，可知物体的亮度温度T_l和真温T的关系为

$$\frac{1}{T_l}-\frac{1}{T}=\frac{\lambda}{C_2}\ln\frac{1}{\varepsilon(\lambda,T)} \tag{2-35}$$

对于上式，若能准确知道被测辐射源的发射率$\varepsilon(\lambda,T)$，就可以对其进行计算修正。

辐射测温法普遍存在的影响温度测量精确度的因素是发射率，要想减少发射率引起的实验误差，就要选择波长较短的波段，而且波长

越短精确度往往越高。单色测温仪，一般在短波区工作，尤其是高温单色测温仪，大多数工作范围选择在小于 3μm 的波段。

此外，维恩位移定律表明，物体温度越高，其辐射的波长越短。若要对较低温物体进行温度测量，则需要选择较长的波长。另外需要指出：短波单色测温仪能测量的温度范围窄，且易受到外界干扰而导致测温性能不稳定，精确度不高；而长波单色测温仪，有较宽的温度测量范围，但其测量误差大。

亮度测温法是目前应用较为广泛的辐射测温方法，其灵敏度较高，只是对发射率 $\varepsilon(\lambda,T)$ 的依赖性极强。而发射率 $\varepsilon(\lambda,T)$ 决定于材料性质、物体表面形状和温度等，很难精确得到。亮度测温法中发射率 $\varepsilon(\lambda,T)$ 的精确度又直接影响测温系统的性能和精度，因而，亮度测温法仍然存在诸多不足之处。

2.4.3　比色测温法

比色测温法也称颜色测温法，它是利用波长窄带比较技术对被测对象的光谱辐射进行温度测量的。比色测温原理根据辐射源在两个相邻狭窄波段内的光谱辐射出射度比值与温度之间的函数关系来测量并确定辐射源的温度。经过充分的科学实验验证，比色测温法具有测量精度高和抗干扰能力强的优点，因此比色测温法是目前被各国科学家深入研究的测温方法。

假定辐射源的发射率在 $[\lambda_1,\lambda_1+\Delta\lambda_1]$ 和 $[\lambda_2,\lambda_2+\Delta\lambda_2]$ 两波段范围内相等，那么红外探测器在这两波段范围内接收的辐射能量之比，就只是温度的函数，而与辐射源的发射率无关。目前应用的比色测温仪就是通过此原理来确定物体真实温度的，不过比较遗憾的是大多应用领域是针对高温物体的测量，目前还没有用于较低温物体的测量仪器。

比色测温的定义为：在两个波长λ_1和λ_2处，若目标辐射源的光谱辐射亮度之比等于黑体辐射的光谱辐射亮度之比，那么可以推断此目标辐射源的比色温度T即为黑体的温度。波长λ_1和λ_2处辐射功率比值$R(T)$为

$$\begin{aligned}R(T)&=\frac{M(\lambda_1,T)\mathrm{d}\lambda_1}{M(\lambda_2,T)\mathrm{d}\lambda_2}\\&=\frac{\varepsilon(\lambda_1)}{\varepsilon(\lambda_2)}\frac{\mathrm{d}\lambda_1}{\mathrm{d}\lambda_2}\left(\frac{\lambda_2}{\lambda_1}\right)^5\exp\left(\frac{C_2}{T}\left(\frac{1}{\lambda_2}-\frac{1}{\lambda_1}\right)\right)\end{aligned}\tag{2-36}$$

因为两波长波段很窄，可忽略不计，则有

$$T=\frac{\frac{C_2}{T}\left(\frac{1}{\lambda_2}-\frac{1}{\lambda_1}\right)}{\ln R(T)-5\ln\frac{\lambda_2}{\lambda_1}-\ln\left(\frac{\varepsilon(\lambda_1)}{\varepsilon(\lambda_2)}\right)}\tag{2-37}$$

假设两波长所对应的发射率存在相等关系，即$\varepsilon(\lambda_1)=\varepsilon(\lambda_2)$，实际温度$T_r$就等于所测得的温度$T$，即有

$$T_r=T=\frac{\frac{C_2}{T}\left(\frac{1}{\lambda_2}-\frac{1}{\lambda_1}\right)}{\ln R(T)-5\ln\frac{\lambda_2}{\lambda_1}-\ln\left(\frac{\varepsilon(\lambda_1)}{c}\right)}\tag{2-38}$$

由式（2-36）～式（2-38）可知，提高比色测温精度的关键是使两波长处的发射率相近，也就是必须选择合适的波长，使两个波长处发射率相近。

2.4.4　多光谱测温法

多光谱测温法的原理分析：此方法利用目标辐射源的多光谱辐射能量信息，通过数据处理得到目标真温和材料发射率。目前，多光谱测温仪对辐射源测得的还只是物体的假定温度而非真实温度，如亮度温度、色温及辐射温度等。多光谱测温法无法直接得到物体的真实温度，其原因在于此法测量的值是物体的热辐射通量，而辐射通量往往取决于材料发射率和物体等。材料发射率总是受到很多因素的影响，如被测辐射源的表面形状、温度和辐射波长等。

假设多波长温度计有 n 个通道，普朗克定律用维恩公式来代替，那么可得到第 i 个通道输出的信号 V_i 表示为

$$V_i = A\lambda_i \varepsilon\left(\lambda_i, T\right)\lambda_i^{-5} \mathrm{e}^{-\frac{C_2}{\lambda_i T}} \tag{2-39}$$

其中 $i = 1, 2, \cdots, n$，则有 n 个方程，未知数 $\varepsilon\left(\lambda_i, T\right)$ 和 T 共有 $n+1$ 个。根据数学知识可知，必须找到另一个方程才能求解。多光谱测温法应用起来不但结构复杂，而且计算也特别繁复，因而目前应用的并不广泛。

2.4.5　辐射测温方法的优缺点

经过上述对辐射测温多种方法的介绍，充分考虑各种辐射测温方法的优缺点，选择合适的辐射测温方法。各种辐射测温方法的优点和缺点如表 2-3 所示。由表中各种辐射测温方法的优点和缺点可知，全辐射测温法和亮度测温法的测量结果分别是辐射温度和亮度温度，

要求出辐射源的真实温度必须知道其组成材料的发射率，而发射率的影响因素极多，如介质的波长、表面条件、发射角及偏振状态等。尽管多光谱测温法精确度很高，但是工艺太过复杂，成本太高，且计算量大，不易推广。比色测温法不但能克服上述方法的不足，且能获得不错的测量精度。

表 2-3　各种辐射测温方法的优点和缺点

测温方法	优点	缺点
全辐射测温法	结构简单，成本较低	测量的温度为辐射温度，测温精度差，真实温度受到被测物组成材料发射率的影响，且不易在线测量
亮度测温法	不需要环境温度补偿，发射率误差较小，精度较高	测量的温度为亮度温度，更适用于高温测量，真实温度同样受到被测物组成材料发射率的影响，且不易在线测量
比色测温法	不依赖辐射源的发射率，不易受环境等影响，精度高	需要选择合适的波段范围
多光谱测温法	精度高	造价高、工艺复杂、成本高，不易大面积的应用和推广

2.5　辐射测温模型

红外热像测温系统属于窄谱辐射成像的测量设备，因此用红外热像仪测温时，被测物体表面的发射率、吸收率、大气透过率、大气发射率、背景温度、大气温度等影响因素直接影响测温的准确程度。被测物体真实温度计算的精度也受这些因素的影响。无论基于何种基本理论，模型的建立都不受理论或数学计算的制约，很大一部分都要由经验系数确定。正因为如此，模型对于不同环境条件或不同类型的物体并不完全适用。因此，为了使模型的计算结果更为准确，必须实际测量很多数据。另外，为了得到更加有利于工程计算的模型需要对一些影响因素进行近似估算。根据热辐射理论和红外热像系统的测温原理，建立灰度-温度的校准曲线测量实验，探讨发射率、吸收率、大气透过率、环境温度和大气温度等对红外热像仪测量物体表面温度的影响，建立了红外热像测温模型。模型的建立对于提高红外热像仪的测温精度，减少误差具有非常重要的意义。

红外辐射测温的主要问题是存在发射率的影响及周围高温物体的影响，而且温度并不是直接测量的。红外探测器接收的辐射包括目标自身的辐射、目标对周围环境的反射辐射（上述辐射经过大气衰减最终到达探测器），还包括大气本身的透射辐射及热像仪内部的辐射。

2.5.1　辐射测温模型的建立基础

热辐射原理图如图 2-4 所示。图中，ε为物体的发射率，τ为大气透过率，T_{obj}为被测物体温度，T_{sur}为环境温度，被测物体的辐射能为$\varepsilon\tau W_{obj}$，大气辐射能为$(1-\tau)W_{atm}$，物体对周围环境的反射辐射能为$(1-\varepsilon)\tau W_{sur}$。热像仪所获取的辐射能量包括物体的辐射、物体对周围环境的反射辐射、大气的辐射等。

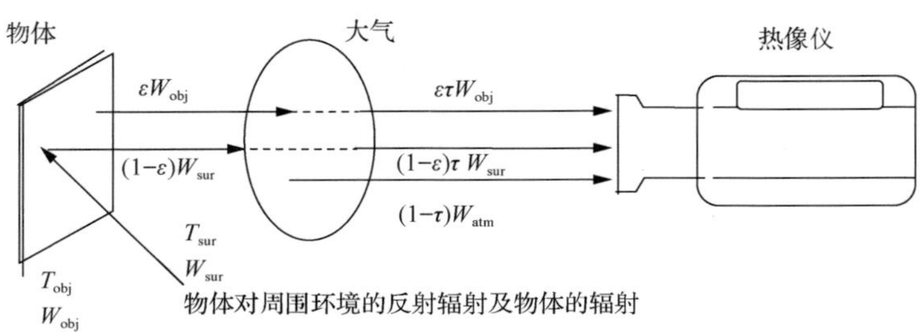

图 2-4　热辐射原理图

图 2-5 中给出了灰体目标（物体）在不同温度下，不同辐射源对辐射贡献的比率关系[107-108]。（测试条件：测试距离为 10m，大气温度为 20℃，环境温度为 20℃。）

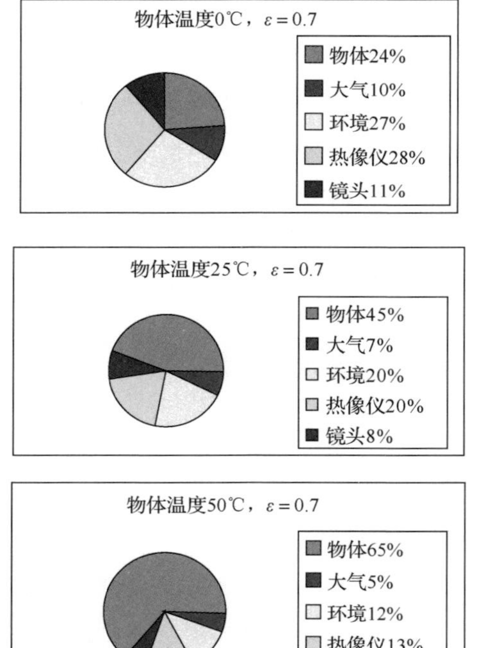

图 2-5　不同温度下不同辐射源对辐射贡献的比率关系

显然目标温度越低，测量越困难；目标的发射率越小，测量越困难。

2.5.2　图像灰度与黑体温度的校准曲线

红外辐射测温系统在显示器上显示的热图像，能够反映被测物体表面的热分布情况。红外探测器接收到的红外辐射和目标温度之间的关系不是线性的，同时还受物体表面发射率、反射率、大气衰减及物体所处环境的反射辐射等影响。热图像只给出了物体表面辐射温度的定性描述，如果想要通过热图像获得物体的绝对温度，则必须与基准物体热图像相比较来标定绝对温度值。热像仪需要校准有两个原因，一是要把被测目标的辐射能量转化为温度，二是要补偿热像仪的内部辐射。应用最广泛的校准方法是在固定的较短距离下使用黑体，利用高精度的黑体炉作为标准，用红外热像仪测量其表面温度，做出光电转换器件输出信号与黑体炉温度的关系曲线。黑体发射的辐射能量与温度之间的关系是非线性的，可以通过热像仪光谱响应和普朗克辐射定律计算得到。为了建立辐射量和温度之间的关系，对黑体进行不同温度的设置，从而对其进行测量，将在不同的精度及测量条件下得到的校准数据储存在存储器里，并将测量结果与黑体精确的温度值进行拟合，就可以得到校准曲线。具体的标定方法有两种：查找表法和曲线拟合法。查找表法是进行温度测量时，直接查找相应的修正曲线表得到温度值。曲线拟合法是用最小二乘法将标定得到的数据进行拟合运算，得到灰度与温度的拟合曲线[109-112]。曲线拟合法比较简单易行，只要采集部分灰度值与温度数据，即可实现拟合运算。但是此方法的测量精度略低，只适用于测量精度要求不高的场合。图 2-6 是红外辐射测温系统的工作框图。

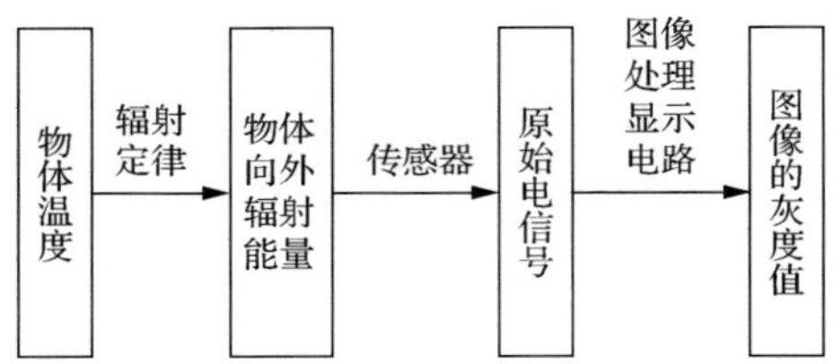

图 2-6　红外辐射测温系统的工作框图

校准曲线测试实验中，目标与探测器之间的距离设置为 3m，环境温度分别设置为 13℃、20℃、22℃。实验时首先调整黑体炉的温度，保持黑体炉温度稳定，记录黑体热像图，找到图像上对应点的灰度值，实验在黑体温度为 293～337K 的范围内测量，不同环境条件下测得的实验数据分别计入表 2-4 至表 2-6 中。

表 2-4　温度与灰度对应关系实验数据（环境温度：13℃）

温度/K	293	295	297	299	301	303	304	305	306	307	308	309	310
灰度	51	64	66	78	78	81	87	89	94	97	97	99	103
温度/K	311	312	313	314	315	316	317	319	321	325	329	334	337
灰度	106	108	114	114	115	123	123	132	140	170	185	219	232

表 2-5　温度与灰度对应关系实验数据（环境温度：20℃）

温度/K	293	295	297	299	301	303	304	305	306	307	308	309	310
灰度	53	67	69	75	85	85	91	92	98	99	99	101	106
温度/K	311	312	313	314	315	316	317	319	321	325	329	334	337
灰度	107	108	110	113	117	121	123	140	145	173	192	223	237

通过镜头上的传感器将被测物体的红外辐射能量转换成电信号，再经过镜头后面的后续电路对这些原始电信号进一步处理转变成灰度值，在显示器上显示出来。经过这样一个过程，就得到了图像灰度值和物体温度之间的对应关系，从而达到测温的目的。

表 2-4 和表 2-5 的实验数据拟合曲线如图 2-7 所示，表 2-4 数据在图中用红色曲线标示，表 2-5 数据在图中用黑色曲线标示。从两条曲线的分布可以看出，对同一黑体温度下的灰度值，表 2-4 的数据普遍低于表 2-5 的数据。这是因为表 2-4 和表 2-5 获取的数据是在不同的环境温度下得到的，环境温度分别是 13℃和 20℃。黑体温度与图像的灰度之间存在着某种对应关系，证明利用热像仪测温可行。尽管数据有一定偏差，但曲线的走向大致相同。通过分析测量结果，发现其精确性受工作环境温度影响比较大，所以利用热像仪测温应在特定环境温度下使用测温模型。

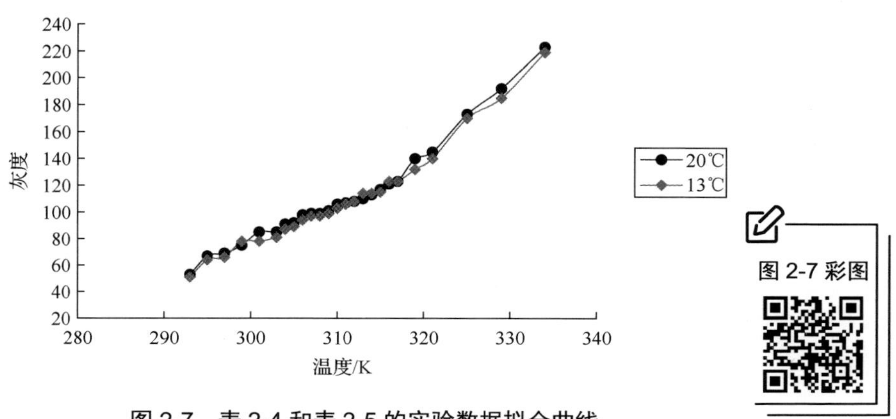

图 2-7 表 2-4 和表 2-5 的实验数据拟合曲线

近年来，随着神经网络研究的不断发展，神经网络在工程领域中得到了非常广泛的应用。神经网络既具有良好的非线性映射能力，又具有高度的并行处理能力和可用于优化计算的特点，是进行实验数据曲线拟合的有效工具。

在某一设定温度下，为了较为精确地得到黑体温度与图像灰度的关系，在22℃的环境温度下，对黑体的每一温度设置点采集了多组实验数据，经数据处理后，计算出算术平均值。温度与灰度对应关系实验数据，如表2-6所示。

表2-6 温度与灰度对应关系实验数据（环境温度：22℃）

温度/K	295	297	299	301	303	305	307	309	311	313	315
灰度	66	71	76	84	86	91	100	108	115	132	138
温度/K	317	319	321	323	325	327	329	331	333	335	337
灰度	146	153	165	172	183	191	204	212	223	238	243

为了判断有无系统误差和粗大误差，计算了算术平均值和剩余误差，最后得出极限误差的算术平均值是±0.87786。图2-8是表2-6的数据散点图。

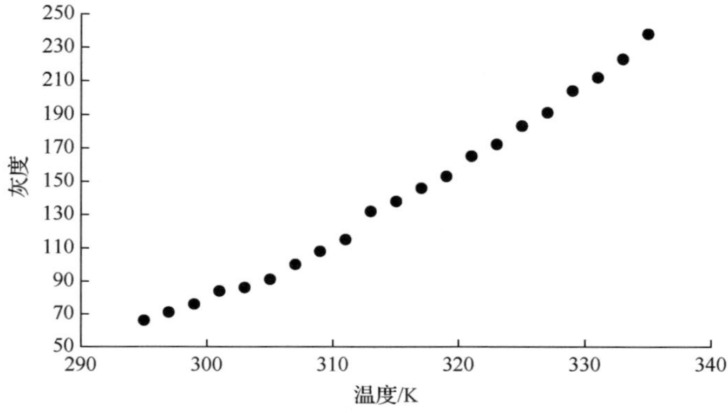

图2-8 表2-6的数据散点图

下面给出运用 BP 神经网络法进行红外测温系统温度标定数据拟合的方法和结果。针对线性和非线性问题，曲线拟合的方法有所不同。对于线性问题，我们可以根据最小二乘原理将问题转化为求解线性方程组的问题；对于非线性问题，我们首先考虑是否可以通过某些数学方法变换转换成线性问题，通常优先采用变换，如果不能转换为线性问题则要借助最优化理论或求解非线性方程组的方法来解决。如果实际工作中对理论模型没有要求，则神经网络是最快捷实用的新型方法，可以达到较高的拟合精度。

在允许的精度范围内，BP 神经网络法对数据拟合直观、有效。对于有理论模型的曲线拟合我们将神经网络学习和模拟结果进行比较，可以使问题更易于解决。针对表 2-6 的数据主要通过最小二乘法和 BP 神经网络法两种实验方法进行曲线拟合。由于实际工作中需要根据灰度计算出温度数据，所以函数以温度 T 为变量，灰度 G 为自变量，并且温度由开氏温度转化为摄氏温度。

由于温度与灰度对应关系没有解析表达式，采用 BP 神经网络法比较适合。采用 1∶5∶1 的网络结构应用神经网络法对数据的因果关系进行逼近，第一层采用正切 S 型神经元，第二层采用线性神经元，经过 500 次训练，得到如图 2-9 所示的拟合曲线。

由已知解析表达式 $g = at^2 + bt + c$ ，运用最小二乘法对数据进行拟合，拟合曲线如图 2-10 所示。

为了分析拟合的效果，可以用标准差与剩余平方和两个参数进行评价，当然这两个参数越小越好。分析结果如表 2-7 所示。

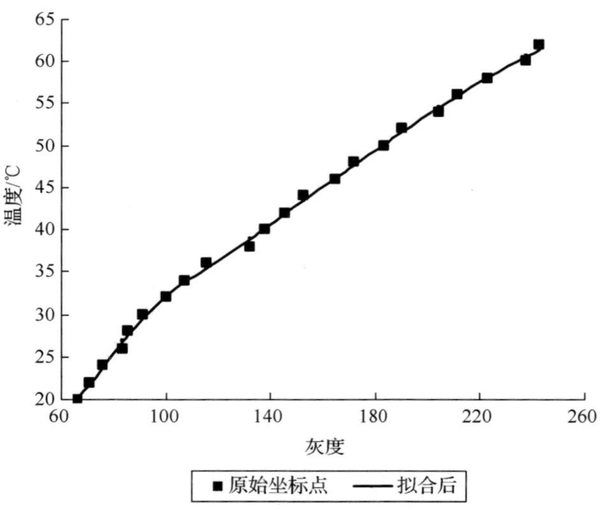

图 2-9　BP 神经网络法拟合曲线

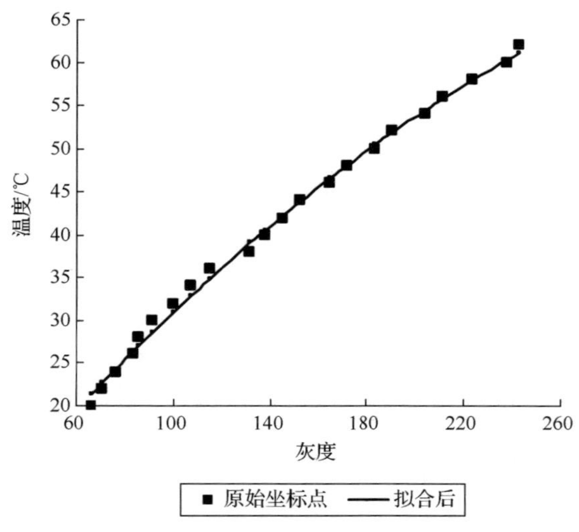

图 2-10　最小二乘法拟合曲线

表 2-7　分析结果

灰度	BP 神经网络法		最小二乘法	
	原始温度/℃	最终温度/℃	原始温度/℃	最终温度/℃
66	22	21.672	22	22.726
71	24	23.793	24	24.340
76	26	26.830	26	26.435
84	28	27.696	28	27.049
86	30	29.628	30	28.542
91	32	32.189	32	30.978
100	34	33.891	34	32.933
108	36	35.529	36	34.948
115	38	38.969	38	39.077
132	40	40.242	40	40.516
138	42	41.882	42	42.298
146	44	43.456	44	43.944
153	46	46.143	46	46.641
165	48	47.595	48	48.052
172	50	50.115	50	50.488
183	52	51.688	52	51.921
191	54	54.474	54	54.516
204	56	55.921	56	55.868
212	58	58.074	58	57.899
223	60	60.565	60	60.306
238	62	61.390	62	61.123
243	64	64.259	64	63.559
剩余平方和	3.937		19.029	
标准差	0.433		0.952	

BP 神经网络法拟合曲线的过程是全局寻优，通过实验验证得出采用 BP 神经网络法拟合曲线时不需要预先知道待拟合曲线的方程，只需根据系统的输入值及其对应的输出值即可进行拟合。BP 神经网络法与最小二乘法拟合相比，拟合结果更加准确，尤其当变量间的非线性关系比较复杂，用最小二乘法不能拟合时，BP 神经网络法拟合曲线的优越性就显示出来了。

2.6 红外热像测温模型

红外热像仪的探测器一般由锑化铟或碲镉汞材料制成，是一种光电转换器件，可以将接收到的红外热辐射能量转换为电信号，电信号经过放大、整形、模数转换后成为数字信号，通过图像的形式在显示器上显示出来。图像中每一点的灰度值都与被测物体上该点发出并到达光电转换器件的辐射能量一一对应。经过运算，被测物体表面每一点的辐射温度值都可以从红外热像仪的图像上准确读出。

2.6.1 红外热像测温模型分析

作用于红外热像仪的辐射照度为

$$E_{\lambda} = A_o d^{-2}[\tau_{a\lambda}\varepsilon_{\lambda}L_{b\lambda}(T_o) + \tau_{a\lambda}(1-\alpha_{\lambda})L_{b\lambda}(T_u) + \varepsilon_{a\lambda}L_{b\lambda}(T_a)] \quad (2\text{-}40)$$

其中，α_λ 为被测物体表面吸收率，ε_λ 为被测物体表面发射率，$\varepsilon_{a\lambda}$ 为大气发射率，$\tau_{a\lambda}$ 为大气的光谱透射率，T_o 为被测物体表面温度，T_a 为大气温度，T_u 为环境温度，d 为被测物体到测量仪器之间的距离，在一定条件下，$A_o d^{-2}$ 为常量，A_o 为目标的可视面积。

通常红外热像仪工作在某一个非常窄的波段范围内，如 8～14μm 或 3～5μm，ε_λ、α_λ、$\tau_{a\lambda}$ 通常认为与 λ 无关。可得红外热像仪的响应电压为

$$V_S = A_R A_o d^{-2}\left\{\tau_a\left[\varepsilon\int_{\lambda_1}^{\lambda_2} R_\lambda L_{b\lambda}(T_o)\mathrm{d}\lambda + (1-\alpha)\int_{\lambda_1}^{\lambda_2} R_\lambda L_{b\lambda}(T_u)\mathrm{d}\lambda\right] + \varepsilon_a\int_{\lambda_1}^{\lambda_2} R_\lambda L_{b\lambda}(T_a)\mathrm{d}\lambda\right\} \tag{2-41}$$

式中，A_R 为红外热像仪透镜的面积，令$K = A_R A_o d^{-2}$，$\int_{\lambda_1}^{\lambda_2} R_\lambda L_{b\lambda}(T)\mathrm{d}\lambda = f(T)$，则式（2-41）式变为

$$V_S = K\{\tau_a[\varepsilon f(T_o) + (1-\alpha) f(T_u) + \varepsilon_a f(T_a)]\} \tag{2-42}$$

根据普朗克黑体辐射定律，可得

$$T_r^n = \tau_a[\varepsilon T_o^n + (1-\alpha)T_u^n] + \varepsilon_a T_a^n \tag{2-43}$$

被测物体表面真实温度的计算公式为

$$T_o = \left\{\frac{1}{\varepsilon}\left[\frac{1}{\tau_a}T_r^n - (1-\alpha)T_u^n - \frac{\varepsilon_a}{\tau_a}T_a^n\right]\right\}^{\frac{1}{n}} \tag{2-44}$$

当使用不同波段的红外热像仪的探测器时，n 的取值不同，对 InSb（3～5μm）探测器，n 值为 8.68；对 HgCdTe（6～9μm）探测器，n 值为 5.33；对 HgCdTe（8～14μm）探测器，n 值为 4.09。

当被测表面满足灰体近似时，即 $\varepsilon=\alpha$ ，且若认为大气 $\varepsilon_a=\alpha_a=1-\tau_a$ ，则式（2-42）变为

$$V_S=K\{\tau_a[\varepsilon f(T_o)+(1-\varepsilon)f(T_u)]+(1-\tau_a)f(T_a)\} \tag{2-45}$$

式（2-43）变为

$$T_r^n=\tau_a\left[\varepsilon T_o^n+(1-\varepsilon)T_u^n+\left(\frac{1}{\tau_a}-1\right)T_a^n\right] \tag{2-46}$$

式（2-44）变为

$$T_0=\left\{\frac{1}{\varepsilon}\left[\frac{1}{\tau_a}T_r^n-(1-\varepsilon)T_u^n-\left(\frac{1}{\tau_a}-1\right)T_a^n\right]\right\}^{\frac{1}{n}} \tag{2-47}$$

式（2-47）是灰体表面真实温度的计算公式。

当近距离测温时，忽略大气的光谱透射率的影响，即 $\tau_a=1$ ，则式（2-46）、式（2-47）变为

$$T_r=T_o\left\{\varepsilon\left[1-\left(\frac{T_u}{T_o}\right)^n\right]+\left(\frac{T_u}{T_o}\right)^n\right\}^{\frac{1}{n}} \tag{2-48}$$

$$T_o=\left\{\frac{1}{\varepsilon}\left[T_r^n-(1-\varepsilon)T_u^n\right]\right\}^{\frac{1}{n}} \tag{2-49}$$

式（2-49）是经典的红外热像测温公式。

当被测表面温度远远大于环境温度时，即 $T_u/T_o>>0$ ，则式（2-48）、式（2-49）变为

$$T_r = \varepsilon^{\frac{1}{n}} T_o \tag{2-50}$$

$$T_o = \frac{T_r}{\sqrt[n]{\varepsilon}} \tag{2-51}$$

如果知道了被测物体表面的发射率，就可以用式（2-49）和式（2-51）测出的辐射温度和环境温度计算出被测物体表面的真实温度。被测物体表面上两点的温度差也可由式（2-49）算出。若测出目标表面两点的辐射温度分别是 T_{r1} 和 T_{r2}，则这两点的真实温度差为

$$\Delta T = T_{o1} - T_{o2} = \frac{1}{\varepsilon^{\frac{1}{n}}}\{[T_{r1}^n - (1-\varepsilon)T_u^n]^{\frac{1}{n}} - [T_{r2}^n - (1-\varepsilon)T_u^n]^{\frac{1}{n}}\} \tag{2-52}$$

当发射率 ε 估计不准时，对一些实际应用设备，利用设备的相对温差来识别故障也将非常不准确。因此在进行温度测量时，必须尽量准确地测量出被测物体表面的发射率值。被测物体表面的真实温差与其发射率 ε 有关。当 $\varepsilon=1$ 时，认为被测物体表面是黑体，则 $\Delta T = T_{o1} - T_{o2} = T_{r1} - T_{r2}$。红外热像仪指示的辐射温差就是真实温度差。当 $\varepsilon<1$ 时，被测物体表面两点间的温差随 ε 的取值不同也不同。ε 取值越小，两点间的温度差就越大。

2.6.2　红外热像仪的温度计算

红外热像仪的温度计算、显示及分析模块结构如图 2-11 所示。利用红外热像仪可以进行温度计算、显示及分析等，包括点温、面温等

的显示或分析，还包括温度校准曲线修改等功能。

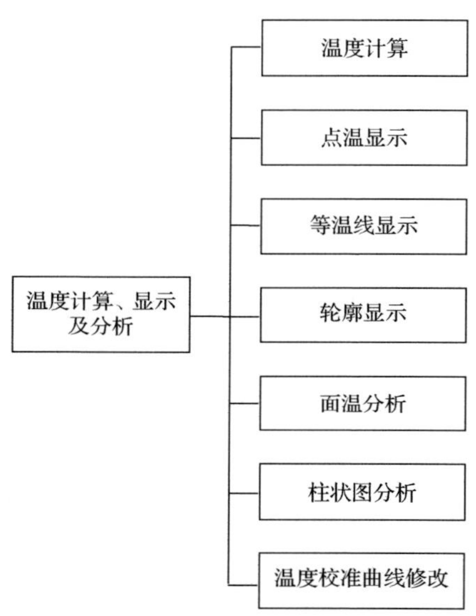

图 2-11　温度计算、显示及分析模块结构

红外热像仪红外图像的伪彩色值与其温度有一一对应的关系，伪彩色值与热值满足以下关系式。

$$I=\frac{X-128}{256}R+L \tag{2-53}$$

式中：I——红外图像的热值；

X——伪彩色值；

L——红外热像仪的热平；

R——红外热像仪的热范围。

再利用红外图像的热值与绝对温度的关系，就可计算出红外图像各点的温度，其关系式如下。

$$I_o = \frac{I}{\tau\varepsilon} \tag{2-54}$$

式中：I_o——实际的热值；

τ——大气透过率；

ε——物体发射率。

物体的测量温度为

$$t = \frac{B}{\log\left[\left(\dfrac{A}{I_o}+1\right)/F\right]} - 273.15 \tag{2-55}$$

其中，A、B 为红外热像仪标定曲线常数，对于短波系统，F 为 1。据此公式可计算出物体的温度值。

2.6.3　红外热像仪测温误差计算

对式（2-44）微分可得

$$\begin{aligned}\frac{\mathrm{d}T_o}{T_o} = \frac{1}{n\varepsilon T_o^n}\Bigg\{&-\left[\frac{1}{\tau_a}T_r^n-(1-\alpha)T_u^n-\frac{\varepsilon_a}{\tau_a}T_a^n\right]\frac{\mathrm{d}\varepsilon}{\varepsilon}+T_u^n d\alpha+(\varepsilon_a T_a^n-T_r^n)\frac{\mathrm{d}\tau_a}{\tau_a^2}\\&-\frac{T_a^n}{\tau_a}\mathrm{d}\varepsilon_a+\frac{n}{\tau_a}T_r^n\frac{\mathrm{d}T_r}{T_r}-(1-\alpha)nT_u^n\frac{\mathrm{d}T_u}{T_u}-\frac{n\varepsilon_a}{\tau_a}T_a^n\frac{\mathrm{d}T_a}{T_a}\Bigg\}\end{aligned} \tag{2-56}$$

用红外热像测温公式计算出来的目标真实温度的误差将受到 ε、τ_a、ε_a、α、T_r、T_u 和 T_a 的测量误差影响。由式（2-56）可以得出红外热像仪测温误差值。

因为大气满足灰体特性，当被测体也认为是灰体时，式（2-56）变为

$$\frac{\mathrm{d}T_o}{T_o}=\frac{1}{n\varepsilon T_o^n}\left\{-\left[\frac{1}{\tau_a}T_r^n-T_u^n+(1-\frac{1}{\tau_a})T_a^n\right]\frac{\mathrm{d}\varepsilon}{\varepsilon}+(T_a^n-T_r^n)\frac{\mathrm{d}\tau_a}{\tau_a^2}+\frac{n}{\tau_a}T_r^n\frac{\mathrm{d}T_r}{T_r}-(1-\varepsilon)nT_u^n\frac{\mathrm{d}T_u}{T_u}+\left(1-\frac{1}{\tau_a}\right)nT_a^n\frac{\mathrm{d}T_a}{T_a}\right\} \quad (2\text{-}57)$$

得出对于灰体目标，ε、τ_a、T_r、T_u 和 T_a 的测量误差直接影响着真实温度的计算误差。

在实验室内或近距离测温时，可以忽略 τ_a 的影响，认为大气透过率 $\tau_a=1$。式（2-57）可简化为

$$\frac{\mathrm{d}T_o}{T_o}=\frac{1}{n\varepsilon T_o^n}\left[(T_u^n-T_r^n)\frac{\mathrm{d}\varepsilon}{\varepsilon}+nT_r^n\frac{\mathrm{d}T_r}{T_r}-(1-\varepsilon)nT_u^n\frac{\mathrm{d}T_u}{T_u}\right] \quad (2\text{-}58)$$

$$\frac{\mathrm{d}T_o}{T_o}=\frac{1}{n\varepsilon}\left\{\left[\left(\frac{T_u}{T_o}\right)^n-\left(\frac{T_r}{T_o}\right)^n\right]\frac{\mathrm{d}\varepsilon}{\varepsilon}+n\left(\frac{T_r}{T_o}\right)^n\frac{\mathrm{d}T_r}{T_r}-(1-\varepsilon)n\left(\frac{T_u}{T_o}\right)^n\frac{\mathrm{d}T_u}{T_u}\right\} \quad (2\text{-}59)$$

当被测物体温度 T_o 远远高于环境温度 T_u 时，T_u/T_o 可忽略，结合式（2-50），式（2-59）可简化为

$$\frac{\mathrm{d}T_o}{T_o}=-\frac{1}{n}\frac{\mathrm{d}\varepsilon}{\varepsilon}+\frac{\mathrm{d}T_r}{T_r} \quad (2\text{-}60)$$

式（2-60）与朱德忠[15]在电子玻璃料滴表面温度测量文献中的结果类似。文献中 n 取 4，仅适合全辐射高温计的测温误差计算和长波

热像仪（8～14μm）测温误差计算。热像仪在实际使用时，必须综合考虑红外辐射测温的影响因素。根据以上分析得出如下结论。

（1）利用红外热像仪测温时，其测温的准确性主要受被测物体表面特性的影响，当然大气发射率、大气透过率、背景温度、大气温度等因素的影响也不容忽视。当以上参数任何一个测量不准时，都会影响被测物体真实温度计算的精度。在复杂的环境条件下，被测物体表面的发射率和吸收率等都很难准确估计，这势必造成实际测量时精度低、误差大。另外，绝大多数红外热像仪在计算被测物体的真实温度时，均认为被测体为灰体。因为采用了诸多的近似条件，所以热像仪测温精度低也是避免不了的。

（2）采用不同波段的热像仪测温时，用测出的辐射温度计算表面真实温度时，一定要注意 n 的取值。对工作在 3～5μm 的短波热像仪，n=8。对工作在 8～14μm 的长波热像仪，n=4。不同探测器的光谱响应不同，不同型号的热像仪因选择探测器不同即使工作在同一个波段，辐射能随温度的变化也不尽相同。

（3）利用辐射测温方程及目标温度场和等效温度场的转换模型，就能由热像仪测得的辐射温度准确计算出被测物体表面的真实温度。计算公式中需要准确输入被测物体表面的发射率、吸收率、背景温度、大气温度、大气发射率和大气透过率等一系列参数，被测物体表面真实温度的测量误差可通过上述参数的误差大小计算得出。

（4）用红外热像仪测温时，对于一些满足灰体近似的非金属表面，测温误差主要受物体表面发射率的影响，大气透过率、大气温度和环境温度等的影响也不容忽略。当近距离测温时，可以忽略大气透过率的影响，即 $\tau_a=1$。这时测温误差仅受环境温度和表面发射率的影响。如果发射率取值不准，既影响被测物体表面真实温度的计算精度，又影响被测物体表面任意两点间的相对温差的准确性。这样就给利用被测物体表面绝对温度和相对温差来判断设备是否正常运转带来难度和困难，此判断方法很难辨识出设备有故障发生，会出现误报和漏报情况。当然，对于满足灰体条件的表面，只要能够准确给出被测物体的发射率，就可以利用红外热像仪达到较高的测温精度。

2.7 本章小结

本章主要描述了辐射测温涉及的基本原理和物理定义，相关理论包括热与温度、黑体模型与基尔霍夫定律、普朗克定律、维恩位移定律以及斯特藩-玻尔兹曼定律。根据热辐射理论和红外辐射测温原理，介绍了红外热像仪测温的辐射通路，给出灰体目标在不同温度下，不同辐射源对辐射贡献的比率关系。建立了辐射测温方程及目标温度场和等效温度场的转换模型。实验测试得到在不同精度及测量条件下的校准曲线，采用 BP 神经网络法将其应用于温度标定物理实验中的灰度与温度的特性曲线拟合，并在 MATLAB 下通过训练和仿真验证了应用 BP 神经网络法拟合实验曲线的优越性。通过对被测物体表面温度和发射率、吸收率、大气透过率、大气温度以及环境温度之间影响关系的分析，研究了红外辐射测温技术，给出了包括被测物体表面温度、物体发射率、吸收率、大气透过率、大气温度和环境温度在内的红外热像测温模型。这对于提高红外辐射测温的精度，减少测量误差具有非常重要的现实意义，为宽波段比色测温提供理论基础，为红外辐射精确测温提供了保障。

第 3 章 红外辐射测温技术

3.1 引　　言

目前人们经常使用的红外热像仪测得的不是物体的真实温度，而是辐射温度。由于辐射温度经过了大气传输因子等的修正，因此它与物体表面的真实温度存在一定的差异。在测温过程中，只有知道物体的另一参数——材料发射率，才能求出物体的真实温度。在现有常用的热像仪温度测试中，测温只是对我们感兴趣的区域（目标区域）进行较为精确的测温与目标定位，剩下的区域只要发射率和选定目标区域发射率不同，热图中显示的色温肯定不是目标实际温度，因此实际目标热图和热像仪所采集到的热图之间会存在一定的差异。这是热像仪测温只对感兴趣的区域进行测温存在的致命缺陷（热像仪的最基本原理实际上是探测器对不同区域辐射通量的响应，关键部件探测器响应的并不是单一的温度、波长或发射率，而是三者的有机结合）。如果我们想知道其他区域的真实温度，就必须对输入的发射率进行修正，即取另一块区域作为感兴趣的目标，也就是将发射率由 ε_1 改为 ε_2，这在实际的温度测试中具有很大的烦琐性。我们要设法消除这种烦琐性，让热像仪的显示热图和被测物体热图的真实温度较为真实地表现出一一对应关系。

物体表面的发射率一般不易在线测量，它的影响因素除了包括物体的组分、表面状态和考察波长，还包括物体的温度。因为随着物体表面状态的改变发射率值也发生改变，所以围绕着如何测准来自被测物体的能量和如何将测得的能量转换成被测物体的真实温度这两项技术进行的研究一直在不断深入。与这两项技术有关，涉及仪器的测量范围、精度、距离、响应时间和稳定性。在实际应用中，还涉及被测物体的光谱发射的研究和辐射传递通路中介质对辐射传递的影响的研究等。

3.2 红外辐射测温的影响因素

红外线的波长范围是 0.76～1000μm。目标发射出来的红外辐射需要在大气中传播一段距离才能到达探测器，在这个过程中除了辐射本身的几何发散外，红外辐射在大气中传播会衰减。组成大气的气体主要包括氧气、氮气、氩气，它们占大气气体的 99%以上，但它们不吸收 15μm 以下的红外线，否则红外技术在野外根本没法使用。大气中吸收红外辐射的气体主要包括水蒸气、二氧化碳和臭氧（O_3），再加上甲烷、一氧化碳等的吸收作用，造成了红外辐射的衰减，在不同波段形成了红外线吸收带。对 1～15μm 的红外辐射通过一海里的大气透射比进行实验，发现只有处于红外吸收带之间的红外辐射才能够透过大气向远处传输[84]。3～5μm，8～14μm 分别称为短波窗口和长波窗口。这两个窗口对红外辐射均敏感，但两个波段范围特性不同，长波窗口主要用于低温及远距离的测温；而短波窗口能在较宽的范围内提供最佳功能，达到良好的测温效果。

在辐射测温的过程中影响测温精确度的因素如图 3-1 所示。大气吸收是影响测温精度的因素之一，红外热像仪特性、目标特性、测量距离等因素也直接影响了测温的准确性。为了实现温度的精确测量并且使测温的操作更便捷，在热像系统中，大多数红外热像仪采用以下几种方式进行精度补偿：（1）镜头视场外的辐射补偿；（2）不同操作温度下的补偿，如夏天和冬天；（3）红外热像仪内部的漂移和增益补偿。为了保证测温精度的可靠性，根据实际情况按要求设置发射率、环境温度、测试距离等基本参数。

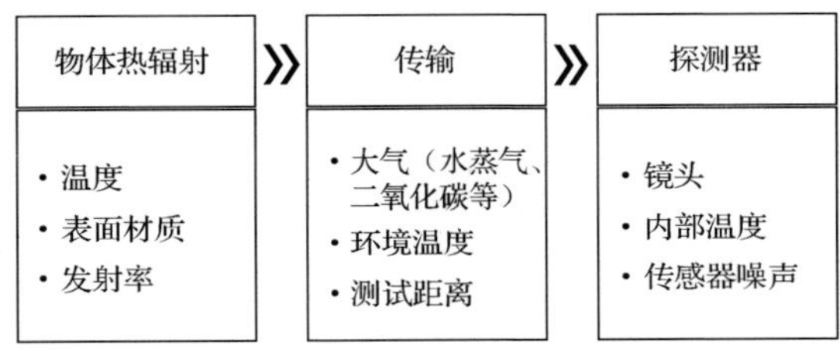

图 3-1　影响测温精确度的因素

总结实际测温过程中的影响因素包括发射率、光路上的散射与吸收、背景噪声、红外热像仪的稳定性。由于测量条件不同这些因素的影响程度也不同，因此必须进行准确的校准以保证测量的可靠性。换句话说，在实际测量时我们必须准确地设定各参数值，才能得到精确的温度测量值。

3.2.1　发射率的影响

发射率是影响红外辐射测温精度的最大不确定因素。发射率受材料性质、表面状态和温度等因素的影响。我们要想得到物体的真实温度，必须精确地设定物体发射率的值。

1. 材料性质的影响

材料的性质不同，不仅包括材料的化学组分和化学性质的差异，还包括材料的内部结构（如表面层结构和结晶状态等）和物理性质的差异。材料的性质不同，材料的发射性能、辐射的吸收或透射性能都不同。绝大多数非金属材料红外光谱区的发射率都比较高，而绝大多数纯金属表面的发射率都很低。当温度低于 300K 时，金属氧化物的发射率一般都会超过 0.8。

2. 表面状态的影响

没有绝对光滑的物体表面，任何实际物体都有不同的表面粗糙度，总会表现为凹凸不平的不规则形貌。不同的表面状态首先影响到反射率，继而影响到发射率。材料的种类和粗糙程度直接影响到发射率。表面粗糙度对金属材料的发射率影响比较大，而对非金属的电介质材料影响较小或基本不影响。当辐射光垂直入射时，金属表面粗糙度对反射率的影响关系如式（3-1）所示[113]。

$$\frac{\rho}{\rho_0}=\exp\left[-\left(\frac{4\pi r}{\lambda}\right)^2\right]+32\pi^4\left(\frac{\Delta\alpha}{m}\right)^2 \tag{3-1}$$

式中，ρ 和 ρ_0 分别是对于同种金属，在半角为 $\Delta\alpha$ 接收立体角测量的粗糙表面和理想光滑表面的反射率；λ 是入射辐射波长；r 是表面粗糙度的均方根；m 是表面斜率的均方根。

通过对镍铬合金、黄铜、不锈钢和铝等金属材料的实验，式（3-1）表明金属表面越粗糙反射率越低，发射率越高。如果粗糙表面上疙瘩的高度超过辐射波长数倍时，可按式（3-2）计算粗糙表面的发射率。

$$\varepsilon = \varepsilon_0\left[1 + 2.8(1 - \varepsilon_0)^2\right] \tag{3-2}$$

式中，ε_0 是光滑表面的发射率。

影响材料发射率的因素除了表面粗糙度，还有金属表面形成的氧化膜、尘埃等污染层，人为施加的润滑油，以及其他如漆膜或涂料等的沉积物。这些因素对表面发射率的影响程度至今仍然很难用数学表达式去定量描述。

3. 温度的影响

发射率和温度的关系很难用统一的分析表达式做定量的概括，因为不同材料在不同波长和温度范围内发射率的变化也不一样，虽然很多情况下我们认为发射率随温度变化，但发射率到底随温度怎样变化却没有明确。一般实验表明，绝大多数纯金属材料的发射率近似随开氏温度成比例增大，但比例系数却与金属电阻率有关；绝大多数非金属材料的发射率随温度的升高而减小。

图 3-2 和图 3-3 为未氧化的和氧化的某种航天用碳材料在不同温度下的发射率测量实验。从图 3-3 可以看出，表面氧化后材料发射率有较大幅度的提高，而且随着温度的升高发射率会有不同程度的下降。这些规律与金属材料的发射率规律吻合。

被测物体表面的发射率是影响红外热像仪测温精度的最大不确定因素。

任何物体的发射率都等于它在相同温度和相同条件下的吸收率。物体表面辐射能力的强弱可以用物体的发射率来表征。根据测量发射率时相角不同，可以把发射率分为方向发射率和半球发射率。如果只比较和观测某一波长上的辐射，则称为光谱发射率。如果被观测的辐射包括 0～∞的波长范围，则称为全发射率，红外辐射测温中采用的是全发射率。

图 3-2 彩图

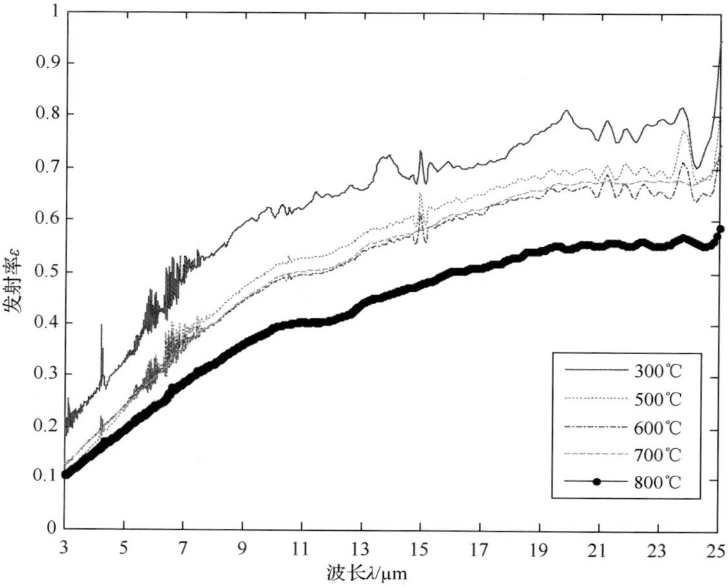

图 3-2　未氧化的材料发射率

图 3-3 彩图

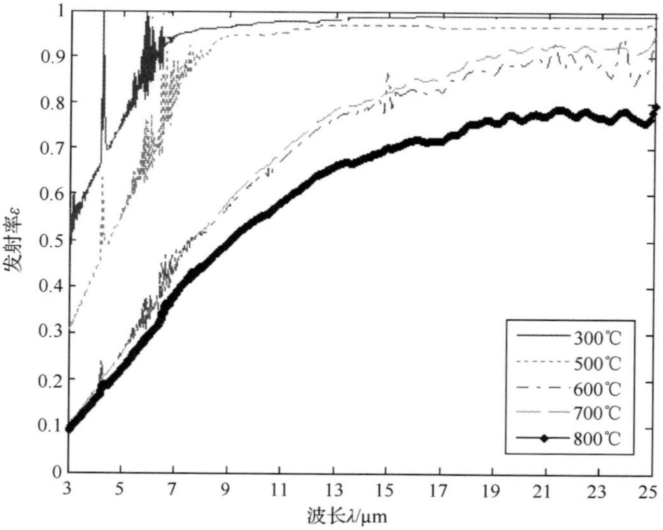

图 3-3　氧化的材料发射率

表面状况包括表面粗糙度、氧化层厚度、物理或化学污染杂质等。发射率的大小与表面温度、发射角度、辐射波长、偏振方向有关，作为表征材料表面辐射特性的一个物理量，这种依赖关系主要受表面状况的影响。真正测温时如果仅输入发射率这一个参数，测温精度也会大打折扣。选择的测温仪器不同，发射率的影响也不相同。

若采用辐射温度计，测得的辐射温度的误差为

$$\left(\frac{\mathrm{d}T_o}{T_o}\right)_R = \frac{1}{4}\left(\frac{\mathrm{d}\varepsilon_T}{\varepsilon_T}\right) \tag{3-3}$$

若采用单色温度计，测得的亮度温度的误差为

$$\left(\frac{\mathrm{d}T_o}{T_o}\right)_s = \frac{\lambda T_r}{c_2}\left(\frac{\mathrm{d}\varepsilon_\lambda}{\varepsilon_\lambda}\right) \tag{3-4}$$

若采用比色温度计，测得的辐射温度的误差为

$$\left(\frac{\mathrm{d}T_o}{T_o}\right)_c = \frac{\lambda T_a}{c_2}\left(\frac{\mathrm{d}\varepsilon_{\lambda_1}}{\varepsilon_{\lambda_2}}\right) \Big/ \left(\frac{\varepsilon_{\lambda_1}}{\varepsilon_{\lambda_2}}\right) \tag{3-5}$$

若采用一般的热像仪，测温误差为式（2-56）。

从式（3-4）、式（3-5）可看出，测量的温度越高，由发射率的变化引起的误差也越大。另外，从式（2-56）可看出，n 的取值与工作波段的选取有关，n 取值不同时，测量误差大小也不同。长波热像仪的测温误差比短波热像仪的测温误差要大得多。

图 3-4 是红外热像仪拍摄的红外温谱图。不同物体表面发射率不同，实验时皮肤表面发射率设定值为 0.98，仪器表面发射率设定值为 0.9。

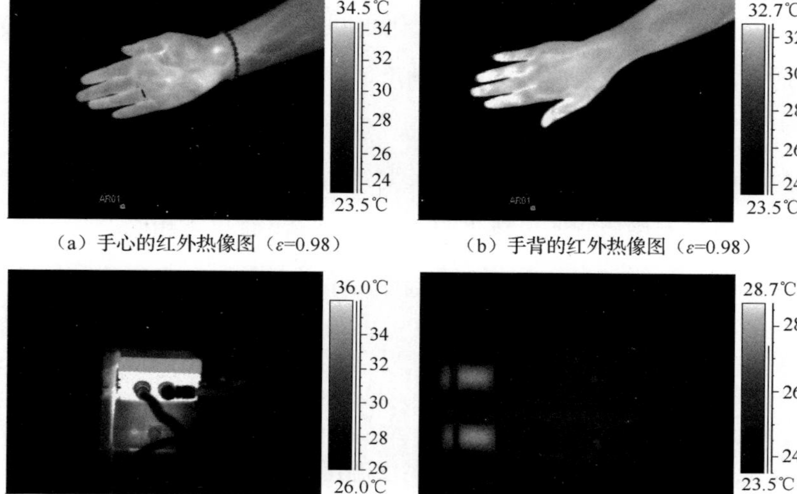

（a）手心的红外热像图（ε=0.98）（b）手背的红外热像图（ε=0.98）

（c）运转中的仪器背面的红外热像图（ε=0.9）（d）运转中的仪器正面的红外热像图（ε=0.9）

图 3-4　红外热像仪拍摄的红外温谱图

图 3-4 彩图

式（3-6）为考虑了热像仪镜头等的辐射测量公式。其中，$I(T)$ 为温度是 T 的黑体辐射的热值；I_{measured} 为测量总辐射的热值（辐射的仪器读数）；i_{img} 为扫描器内部的热辐射。当物体的温度较低时，为了达到准确测量的目的，必须从总辐射能量中扣除环境、大气和扫描器的热辐射，而扫描器的热辐射 i_{img} 在其内部已被补偿，因此在式（3-6）中可以略去 i_{img} 项。

$$I_{\text{measured}} = I(T_{\text{obj}})\tau\varepsilon + \tau(1-\varepsilon)I(T_{\text{sur}}) + (1-\tau)I(T_{\text{atm}}) + i_{\text{img}} \tag{3-6}$$

图 3-5 是由于错误假定发射率引起的温度误差-发射率图，图 3-5（a）是物体温度 50℃时的温度误差-发射率图，图 3-5（b）是物体温度 200℃时的温度误差-发射率图。当发射率为 0.7，真实温度为 50℃，发射率偏离 0.1 时，对于 3～5μm 热像仪来说，测温结果偏离真实温度 0.76～

0.89℃；对于 8～14μm 热像仪来说，测温结果偏离真实温度 1.56～1.87℃。可以看出，3～5μm 的热像仪对发射率误差灵敏度较低，特别在目标温度较高时。图示结果与理论分析结果基本一致。

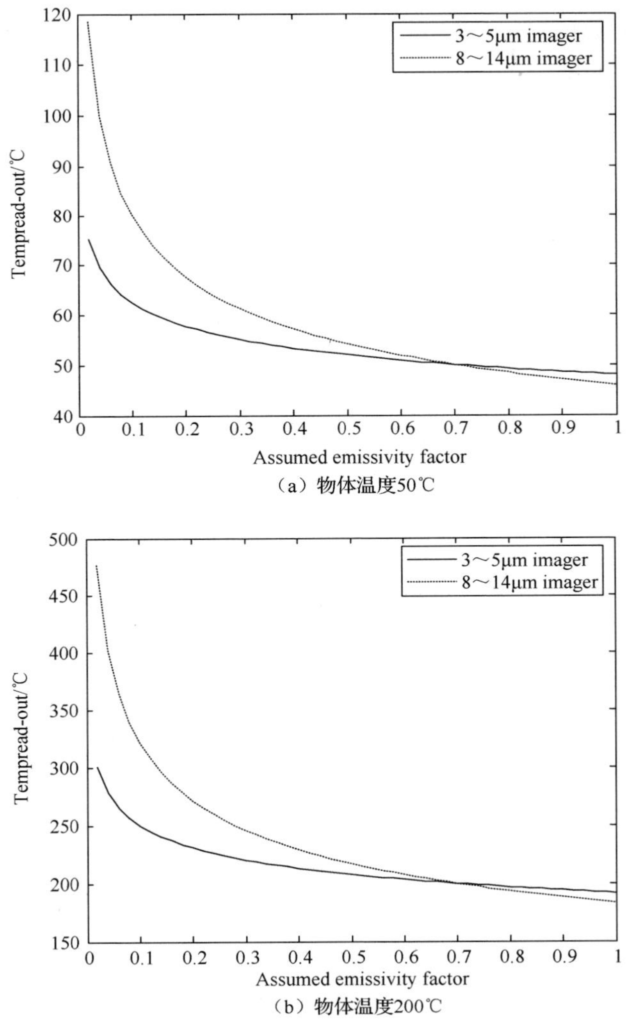

（a）物体温度50℃

（b）物体温度200℃

图 3-5　由于错误假定发射率引起的温度误差-发射率图

3.2.2 背景噪声的影响

利用红外热像仪进行辐射温度测量时，由于信号非常弱，往往被背景噪声淹没。因此常温以下的温度测量必须考虑背景噪声的影响，因其受背景噪声的影响非常大。室内测量时，周围高温物体等的反射光也会影响待测物体温度的测量结果；室外测量时，主要的背景噪声是阳光的直接辐射、折射和空间散射。因此在测温时必须考虑各种影响因素，采取的基本对策如下。

（1）在待测物体附近设置屏蔽物，以减少外界环境的干扰。

（2）准确对准焦距，防止非待测物体的辐射能进入测试角。

（3）室外测量时，选择晚上或有云天气以排除阳光的影响。

（4）通过制作小孔或采用高发射率的涂料等方法使发射率提高，使之接近于 1。

3.2.3 光路上吸收的影响

空气中的水蒸气、二氧化碳、臭氧、一氧化碳等均吸收红外线。根据仪器自身的适应性和实际的工作环境，主要考虑水蒸气对测温精度的影响。在风力较大的情况下，被测物体温度会下降。由于被测物体受到风速冷却对流的影响，也会影响测温的精度，瑞典国家电力局定义了风力影响的修正公式

$$T_2 = T_1\left(\frac{F_1}{F_2}\right)^{0.488} \approx T_1\sqrt{\frac{F_1}{F_2}} \tag{3-7}$$

该公式对室外的强制对流（风正面吹向物体）条件非常适用。式（3-7）中风速 F_1 下的过热温度为 T_1，风速 F_2 下的过热温度为 T_2。譬如当风力 1 级、风速 F_1=1m/s 时，测得过热温度 T_1=60℃；当风力达到 3 级、风速 F_2=4m/s 时，计算得到过热温度 T_2=30℃。如果不考虑风速的冷却作用，就会导致严重的测量误差。

3.2.4　热像仪稳定性的影响

实际测温时，红外热像仪与其他仪器不同，红外热像仪受环境温度的影响较大。当待测温度低于常温时，由于红外透镜自身存在一些不可避免的影响因素，使得环境温度变化的影响甚至大于信号变化的影响。尽管仪器设计中采取了某种补偿措施，但当环境温度高于规定值时，使用仪器时必须冷却仪器，使之维持恒定的温度。

3.2.5　对热像仪本身所发出辐射的补偿

一个设计完好的热像仪对于来自热像仪本身及其光学元器件的辐射能够自动补偿，但是，很少有热像仪能够恰当地补偿。因此，被测目标的温度依赖于热像仪的温度。由于非 100%反射或透射，因此对于热像仪本身的辐射主要由光学元件（如平面镜、透镜）对辐射的衰减产生。为了强调精确补偿的重要性，图 3-6 给出在没有内部辐射补偿的系统的温度漂移误差图。图 3-6（a）是物体温度 50℃时的温度漂移误差图，图 3-6（b）是物体温度 100℃时的温度漂移误差图。

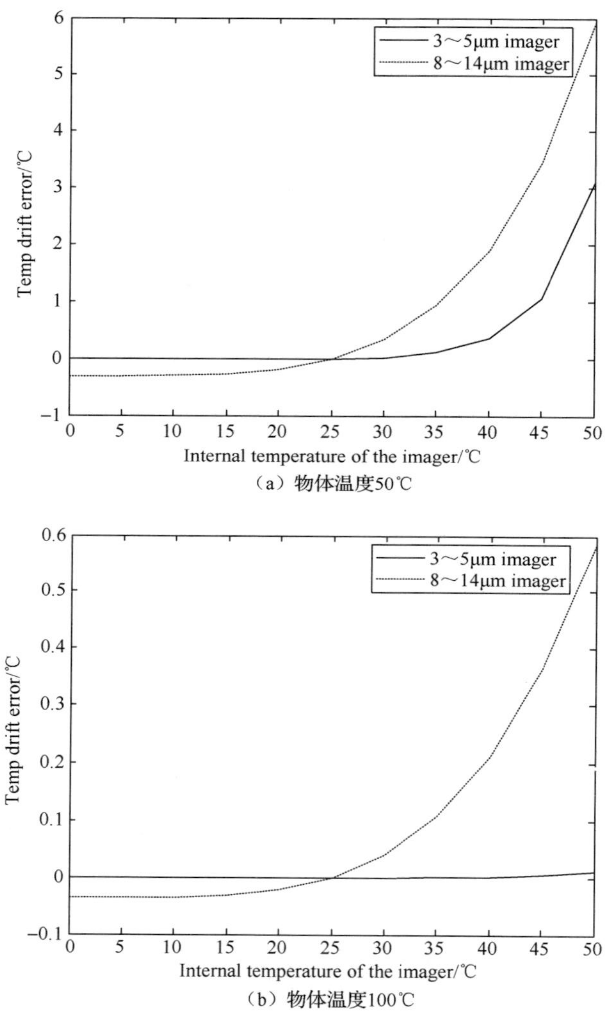

（a）物体温度50℃

（b）物体温度100℃

图 3-6　没有内部辐射补偿的系统的温度漂移误差图

由图 3-6 可以看出，内部辐射补偿不充分的热像仪将导致在除标定环境外，其他环境使用时产生误差。因为热像仪由于自身功率消耗而被加热，被测温度将会在开始工作后随时间而变化。

构成这种补偿的最常见的方式是在热像仪内部使用以温度为参考的钳位系统。光机扫描热像仪的光学通道如图 3-7 所示。虚线左边是用温度传感器微处理系统补偿光学镜片所发出的辐射，虚线右边是用钳位温度参考系统补偿光学镜片所发出的辐射。参考可以通过若干断路器阵列被校验或被转换到光学通道中。由于增益或偏移量随内部温度的变化而变化，通常在不同温度下最好有两个温度参考，以便同时补偿增益和偏移。温度参考和探测器之间光学元件的辐射、不同背景对探测器的辐射、探测器和电子器件老化、光学通道中滤光片和光圈因透镜温度变化引起的传输差异等，这些都需要正确的补偿。

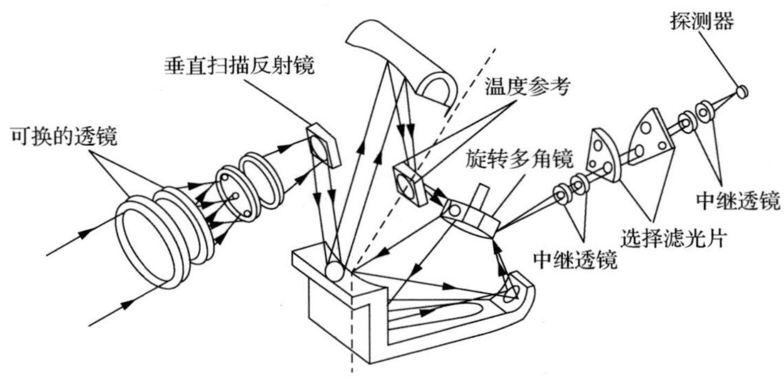

图 3-7　光机扫描热像仪的光学通道

光机扫描热像仪的光学通道系统补偿了从温度参考至探测器之间的光学元件辐射。由于参考必须被放在热像仪内部，在温度参考前的光学元件辐射必须由另一种方式来补偿，一种有效的方式是用温度传感器测量温度参考前所有光学元件的真实温度，然后利用微处理器计算并消除光学元件对探测器的这种入射辐射。

为了使这个系统具有对外部光学元件（望远镜透镜、热屏蔽组件、

显微镜等）补偿的作用，所有透镜都必须装配温度传感器。这种补偿所用的公式为

$$I_{\text{det}} = \tau_1\tau_2\tau_3\cdots\tau_n I(T_{\text{obj}}) + \tau_2\tau_3\cdots\tau_n(1-\tau_1)I(T_1) + \tau_3 + \cdots + \tau_n(1-\tau_2)I(T_2) + \cdots + (1-\tau_n)I(T_n) \tag{3-8}$$

式（3-8）与式（3-6）相似，参数都由各光学元件组成。

3.3　物体发射率的测量技术

根据测量目的的不同，发射率的设定方法是多种多样的。仪表电路中装有发射率设定和运算电路，辐射测温仪的研究和改进主要集中于此。为了提高目标表面发射率的数值可以采取人为方法，给目标造成人工黑体条件，如带有各类黑体腔的温度计；也可以在目标表面涂抹已知发射率的涂层等。对于不同种类的发射率，人们针对不同的用途采取了不同的方法。当研究辐射热质和热损耗问题时，采用量热法测量物体表面半球全发射率。法向光谱发射率测量主要采用发射度量比较法，少量借助光谱发射率的测量技术。发射度量比较法测量法向光谱发射率时，首先在给定温度下收集样品小立体角内发射的辐射，然后经分光计分光，测量出中心在指定波长处的一个窄波带辐射即可，最后把该测量值与同样条件下黑体源得到的测量值相除。具体测量的多种方案中，几方面变化总结如下[114]。

（1）加热样品的方法，包括附加电阻加热器的热传导、对流或旋转样品炉等样品加热。

（2）比较的方法，包括单光路和双光路。

（3）分光计的类型，包括棱镜或光栅式单色仪、滤光片等。

（4）温度测量和控制方法，有热电偶、辐射高温计、光学或手动或自动控制。

（5）测量的光谱范围取决于分光计和探测器的工作波段。

（6）所用的比较黑体的类型，包括独立的实验室黑体源，在样品中开的参比黑体腔孔或加热样品的炉子等。

（7）数据处理方法，在一个宽的波长范围内自动记录或逐个波长的测量比较。

总结前人的经验,测量或修正发射率比较成功的方法有以下 6 种。

3.3.1　发射率修正法

由于发射率随温度不同而改变，因此发射率修正法的精度不高。该方法首先利用其他设备测得物体的发射率，再用这个发射率数据去修正测温结果，从而得到物体的真实温度。

3.3.2　减小发射率影响法（或称逼近黑体法）

采取一定措施使被测物体表面的有效发射率增加且接近 1。比较常用的两种方案如图 3-8 和图 3-9 所示。图 3-8 为收集辐射反射法，比较适用于轧板等的大平板物体。由于要靠近被测物体，水蒸气、粉尘比较大，不适用于高温物体测量。图 3-9 为特制试样法，由于要破坏试样，不适用于生产过程，主要用于科学实验中。

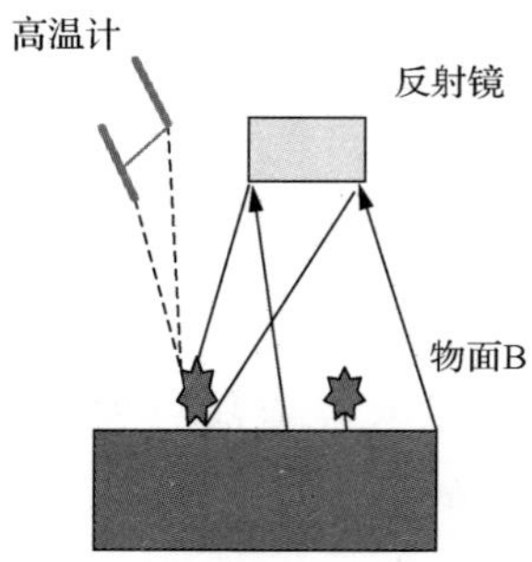

（a）平板反射镜法

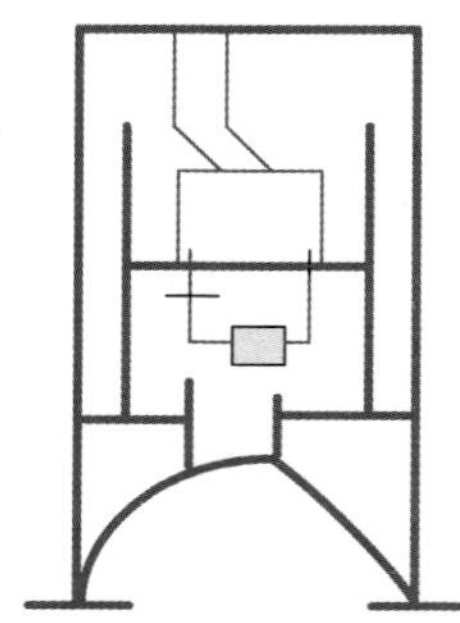

（b）半球反射法

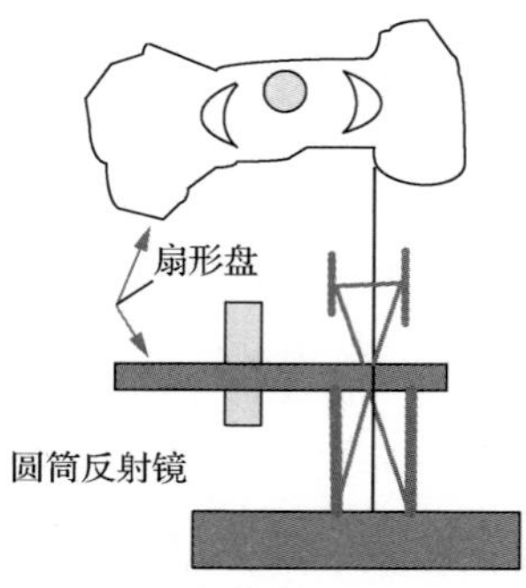

（c）圆筒反射镜法

图 3-8　收集辐射反射法

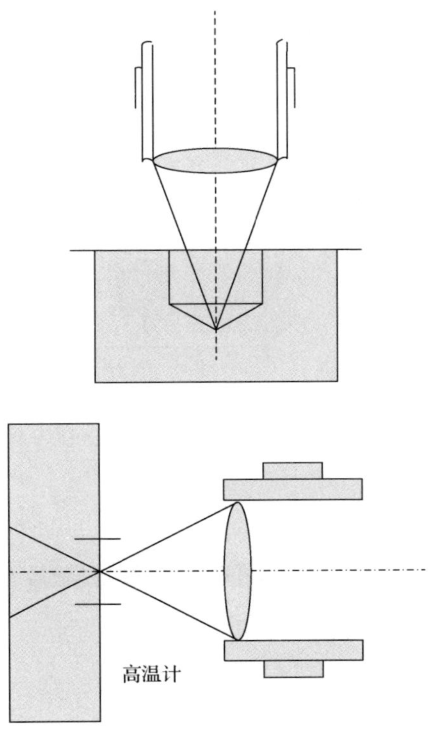

图 3-9　特制试样法

3.3.3　辅助源法

图 3-10 为辅助源法（或称测量反射率法），在线向目标投射一组辐射进行照射，并测量反射或散射信息，即可通过反射信息或散射信息得到物体发射率和温度。

辅助源法仅适用于抛光金属表面。该方法首先调制（频率为 f）石英碘灯发出的光线，然后以 100° 入射角入射到目标上，通过调制盘外圈光阑将镜反射光线和目标辐射光线一起变成 $2f$ 调制光，这两种调制光经滤光片到达硅光电二极管探测器。为了获得目标辐射和镜反射信息，光电二极管信号通过相敏检测电路分离。碘灯的能量分布曲线由图 3-10 中虚线部分事先测得，通过碘灯的能量分布曲线、目标辐射和镜反射信息可以计算得到物体的反射率和物体的温度。

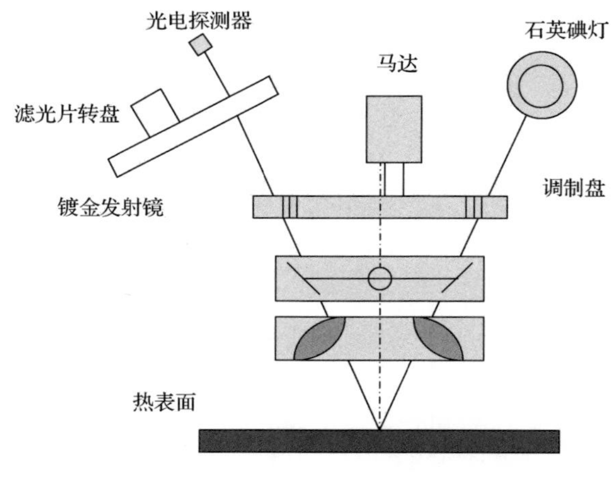

图 3-10　辅助源法

3.3.4　偏振光法

偏振光法仅适用于抛光金属表面。当抛光金属表面发生纯镜反射时，两个偏振分量强度比和物体反射率关系为

$$\frac{I^p}{I^n}=1+\rho_s^n \tag{3-9}$$

式中，I 是光线强度，ρ_s^n 是物面垂直分量的镜反射率，p 和 n 分别表示光线的水平和垂直偏振分量。

偏振光法需要分别测量出两个偏振分量的强度，通过水平、垂直偏振分量强度比获得被测物体反射率，进而得到物体的发射率和温度。偏振光辐射温度计原理示意图，如图 3-11 所示。

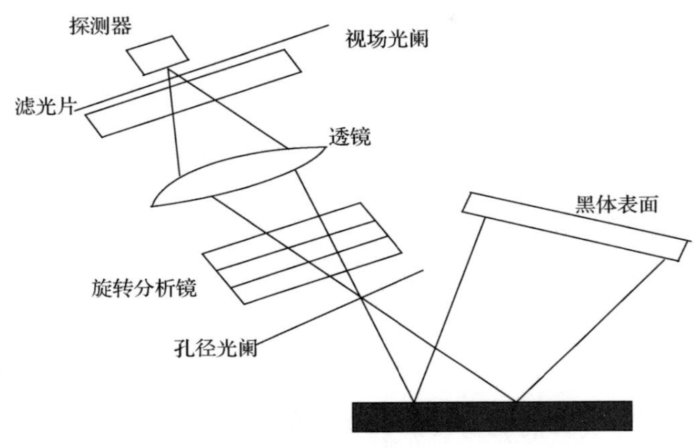

图 3-11　偏振光辐射温度计原理示意

3.3.5　反射信息法

反射信息法通过特殊的光学结构获得被测物体多次反射信息，得到被测物体的发射率和真实温度信息。

3.3.6　多光谱辐射测温法

多光谱辐射测温法对被测对象无特殊要求，不需辅助设备和附加信息，特别适合高温目标的真实温度及材料发射率的同时测量。因为在一个仪器中有多个光谱通道，为了得到物体的温度和材料发射率只需对测量的多个光谱的物体辐射亮度数据进行处理即可。多光谱辐射测温法是今后辐射测温发展的方向，该方式从原理上消除了发射率的影响。

多光谱辐射测温法的关键问题在于假设的模型，它将直接影响发射率的测量结果。目前，国际上主要的假设模型方法有两种，分别为假设波长和发射率间函数关系式的方法和建立各个波长对应的发射率间关系式的方法。

1. 假设波长和发射率间函数关系式的方法

多光谱辐射测温法出现以来，有很多学者采用建模方法进行发射率及温度测量。归纳起来，波长和发射率间的假设模型主要有五种，分别是线性发射率模型、二次多项式发射率模型、指数发射率模型、正弦函数发射率模型、振荡函数发射率模型。

2. 建立各个波长对应的发射率间关系式的方法

2000 年 5 月 9 日，美国的空间地表探测卫星上的“先进空间物热发射率和反射率辐射测量计”，首次在新墨西哥地区进行了数据收集实验来测量地表发射率和温度。该辐射测量计采用可见光范围内的 14 个波长，并设计了一种温度和发射率分离算法用来进行数据处理，实现了对地表发射率和温度的同时测量。在此之前，美国专家设计的“先进的超高分辨率辐射测量计”，就是为了对传感器的两个测量通道的数据处理进行研究，并且研究出了一种叫作“窗口分离”的算法，应用到了测量海洋表面发射率的气象卫星上。这些数据处理方法均是基于经验给出被考察对象各个波长的发射率间的函数关系式，这些假设模型只适用于特定对象[115-117]。

3.4 发射率模型

用红外热像仪进行温度测量时，如果发射率的设定值偏离真实值很大，目标温度的测量误差随发射率设定误差的增大呈现负增长；如果发射率的设定值小于真实值时，随着发射率误差的增大目标温度的测量误差呈现正增长。发射率的设定在辐射测温中占有重要的地位，发射率对测温精度的影响非常大。为了精确测温，我们必须尽量精确设定发射率的数值，必须充分考虑各种影响发射率测量的因素，通过减小发射率的误差来提高测温精度。

在应用 $\varepsilon + \rho + \tau = 1$ 进行发射率测量时，必须保证三个物理量的几何条件一致。如通过反射率和透射率计算法向光谱发射率时，光谱条件要求三个物理量必须属于相同光谱范围内的观测值，反射率和透射率必须是均匀漫反射和法向观测的值。

下面分析表面发射率的计算方法。如果利用热像仪进行发射率测量，在没有确定的发射率和标准校准的黑体时，可以自行设定某物体的发射率。由式（2-44）可得

$$\varepsilon = [(T_r^n - \varepsilon_a T_a^n)/\tau_a - (1-\alpha)T_u^n]/T_o^n = \left[\left(\frac{T_r}{T_o}\right)^n - \varepsilon_a\left(\frac{T_a}{T_o}\right)^n\right]/\tau_a - (1-\alpha)\left(\frac{T_u}{T_o}\right)^n \tag{3-10}$$

使用热像仪的波段不同，n 的取值也不同。当近距测量时，τ_a=1，且 ε_a=0，当被测物体表面满足灰体近似时，$\varepsilon = \alpha$，则式（3-10）变为

$$\varepsilon = \left[\left(\frac{T_r}{T_o}\right)^n - \left(\frac{T_u}{T_o}\right)^n\right] / \left[1 - \left(\frac{T_u}{T_o}\right)^n\right] \tag{3-11}$$

式（3-11）是人们经常使用的计算表面发射率的公式。

当被测物体表面温度很高时，$\dfrac{T_u}{T_o}$ 很小，则式（3-11）可简化为

$$\varepsilon = \left(\frac{T_r}{T_o} \right)^n \tag{3-12}$$

对于非金属材料，如果满足灰体特性，测量物体表面发射率的方法有两种，一是用热像仪测出被测物体辐射温度，同时用热电偶等测温元件测出被测物体表面真实温度，代入式（3-11）或式（3-12），可计算出发射率；二是把已知辐射率的涂料涂在被测物体表面，用热像仪测量其辐射温度，代入式（3-11）或式（3-12），可计算出被测物体表面的真实温度。接着用热像仪测量出未处理被测物体表面的辐射温度，将其真实温度和辐射温度再代入式（3-11）或式（3-12），可计算出被测物体表面的发射率。

上述两种方法在实际发射率测量时操作简单，但由于受到背景温度、测量仪器的误差和被测物体表面真实温度等测量误差的影响，测量误差较大。为了减小测量误差，常采用以下几种高精度测量发射率的方法。

3.4.1 双参考体方法

双参考体方法采用一个高反射率的漫射板和一个黑体作参考体。让漫射板温度等于背景温度，被测物体保持与黑体温度相同。分别用热像仪测量黑体、被测物体和漫射板的辐射能量，由式 $f(T_r) = \tau_a[\varepsilon f(T_o) + (1-\varepsilon) f(T_u)] + (1-\tau_a) f(T_a)$ 和式（3-11）得出

$$\varepsilon_s = \frac{f_s(T) - f_R}{f_{BB}(T) - f_R} = \frac{T_r^n - T_u^n}{T_o^n - T_u^n} \tag{3-13}$$

式中，被测物体表面待测的发射率用 ε_s 表示。T_o、T_r、T_u 分别为热像仪测量的黑体、被测物体、背景的温度。f_{BB}、f_s、f_R 分别为热像仪测量的黑体、被测物体、漫射板的输出信号。

3.4.2　双温度方法

双温度方法需要一个已知发射率的参考物体。保持被测物体和参考物体温度一致，同时用热像仪测量不同温度 T_1 和 T_2 时的辐射能。首先在被测物体上涂一小块已知发射率的涂料，在温度为 T_1 时，用热像仪测量涂料和被测物体的辐射量，$f_R(T_1)$ 和 $f_s(T_1)$ 是热像仪的输出信号，T_{r1} 和 T_{s1} 是对应的辐射温度；在温度为 T_2 时，用热像仪测量出涂料和被测物体的辐射量，$f_R(T_2)$ 和 $f_s(T_2)$ 是热像仪的输出信号，T_{r2} 和 T_{s2} 是对应的辐射温度。由此可得

$$\varepsilon_s = \frac{f_s(T_2) - f_s(T_1)}{f_R(T_2) - f_R(T_1)} = \varepsilon_R \frac{T_{s2}^n - T_{s1}^n}{T_{r2}^n - T_{r1}^n} \tag{3-14}$$

式中，ε_R 是参考物体（涂料）的发射率。

3.4.3　双背景方法

双背景方法适用于在某些测量条件下被测物体的温度不容易改变的情况。保持被测物体和参考物体两次测量中温度不发生变化，在两种不同背景温度下进行实验测量。当 $\tau_a = 1$ 时，可得

$$\varepsilon_s = 1 - (1 - \varepsilon_R)\frac{f_s(L_{BG2}) - f_s(L_{BG1})}{f_R(L_{BG2}) - f_R(L_{BG1})} = 1 - (1 - \varepsilon_R)\frac{T_{s2}^n - T_{s1}^n}{T_{r2}^n - T_{r1}^n} \tag{3-15}$$

式中，ε_R 为参考物体表面发射率，T_{s1}、T_{r1} 和 T_{s2}、T_{r2} 分别为两种背景条件下热像仪测量的被测物体、参考物体表面的辐射温度。

在测量过程中以上三种方法均能有效地消除影响发射率的测量误差，包括由测量目标真实温度和背景温度的误差导致的误差，对于一种给定材料用三种方法测量出的发射率误差均小于 0.02。

3.5　红外热像技术测量发射率

3.5.1　物体发射率的一般性定义

黑体辐射定律是红外热像技术的理论基础。由普朗克辐射定律给出半球空间上黑体辐射能的光谱分布

$$W_b(\lambda,T)=\frac{2\pi hc^2}{\lambda^5[\exp(hc/\lambda kT)-1]}\times 10^{-6} \tag{3-16}$$

式中，$W_b(\lambda,T)$ 为黑体的光谱辐射能，单位为 $\mathrm{W/(m^2\cdot\mu m)}$，$T$ 为黑体的绝对温度，k 为玻尔兹曼常数，h 为普朗克常数，c 为光速，λ 为波长。

实际上，红外探测器仅能响应物体在一定波长范围（λ_1，λ_2）内的热辐射，如 InSb（3～5μm）和 HgCdTe（8～12μm）。如果假设其光谱响应为 $r(\lambda)$，则红外探测器的输出信号 I_b 为

$$I_b(T)=\int_{\lambda_1}^{\lambda_2} r(\lambda)W_b(\lambda,T)\mathrm{d}\lambda \tag{3-17}$$

在实际计算过程中很难直接应用式（3-17）进行定量计算，式（3-17）表明黑体的绝对温度 T 与红外探测器输出信号 I_b 之间的关系，一般可以通过红外热像仪的标定曲线 $I_b(T)$ 来表示二者之间的定量关系

$$I_b(T)=\frac{A}{\mathrm{e}^{\frac{B}{T}}-F} \tag{3-18}$$

式中，A、B、F 是标定常数，A 是探测器的响应因子，B 是光谱因子，F 是探测器的形状因子。I_b（T）是红外探测器接收到的绝对温度 T 的黑体辐射能量，式（3-18）是基于理想黑体（$\varepsilon_b=1$）导出的结果。然而对于一个实际物体，发射率 $\varepsilon_o(\lambda,T)$ 通常是温度 T 和波长 λ 的函数，由光谱发射率定义 $\varepsilon_o(\lambda,T)=\dfrac{W_o(\lambda,T)}{W_b(\lambda,T)}$，实际物体的红外辐射能在探测器上引起的响应 I_o 为

$$I_o(T)=\int_{\lambda_1}^{\lambda_2} r(\lambda)W_o(\lambda,T)\mathrm{d}\lambda=\int_{\lambda_1}^{\lambda_2} r(\lambda)\varepsilon_o(\lambda,T)W_b(\lambda,T)\mathrm{d}\lambda \tag{3-19}$$

如果令

$$\int_{\lambda_1}^{\lambda_2} r(\lambda)\varepsilon_o(\lambda,T)W_b(\lambda,T)\mathrm{d}\lambda=\varepsilon(T)\int_{\lambda_1}^{\lambda_2} r(\lambda)W_o(\lambda,T)\mathrm{d}\lambda$$

则

$$\varepsilon(T)=\frac{\int_{\lambda_1}^{\lambda_2} r(\lambda)\varepsilon_o(\lambda,T)W_b(\lambda,T)\mathrm{d}\lambda}{\int_{\lambda_1}^{\lambda_2} r(\lambda)W_b(\lambda,T)\mathrm{d}\lambda}=\frac{I_o(T)}{I_b(T)} \tag{3-20}$$

式（3-20）是与经典定义相区别的物体发射率的一般定义，为了区分用 $\varepsilon(T)$ 表示，定义为物体和同温度黑体辐射能在红外探测器上产生的输出信号之比。式（3-20）表明了 $\varepsilon(T)$、$I_o(T)$、$I_b(T)$ 之间的对应关系，$\varepsilon(T)$ 具有与经典定义不同的物理含义，它对物体的红外辐射能力

是从探测器响应的角度进行的评价。$\varepsilon(T)$ 揭示了探测器的输出信号与探测器光谱响应和物体辐射能之间的内在联系。式（3-20）中包含了探测器的光谱响应函数，在实际测量过程中当物体的光谱发射率 $\varepsilon_o(\lambda,T)$ 不是常数时，则不能直接应用物体发射率的经典定义，必须进行适当的简化（假定被测物体为灰体）。既然是假设就避免不了会引入理论误差。发射率的一般性定义比较符合实际情况，从本质上反映了测量数据对探测器的依赖关系，能够更准确、更客观地解释测量结果。

根据式（3-20）和发射率的经典定义 $\varepsilon_o(\lambda)$，可以证明：$\varepsilon(\lambda)=\varepsilon_o(\lambda)$，即只有当物体为灰体（灰体的光谱发射率是一个小于 1 的常数）时才能获得经典意义下的物体发射率 $\varepsilon_o(\lambda)$ 的数值，现实世界中几乎不存在严格意义上的灰体。满足灰体条件的 $\varepsilon_o(\lambda)$ 值与使用的仪器设备无关。但在实际测量中如果测量精度要求不高，人们常常将被测物体看作灰体，但对于精确测温，这个假设本身就不正确。对于黑体，显然 $\varepsilon_b=1$ 成立。从理论上讲，式（3-20）可以适用于一切物体（黑体、灰体或选择性辐射体），具有普适性。测定同一物体的发射率时，光谱响应函数不同的红外探测器的测量数据也可能不同。但是用它们各自测定的发射率去计算该物体的温度时却可以得到相同的结果。这和红外热像仪出厂前进行的标定一样，虽然标定常数不同，但都不影响最终的测量结果。利用红外数据手册上给出的物体发射率不能得到精确的测温结果，只能对物体的温度作大致的估算。如果需要精确测温，必须使用红外热像仪测定的物体发射率；探测器选定后，$\varepsilon(T)$ 就变成温度 T 的函数，而与波长 λ 无关。在某一温度下测定的物体发射率只能在一定的温度范围内使用，在某类探测器下测定的物体发射率也只适用于这类探测器，如果超出了使用范围则会引起比较大的测量误差，甚至得出错误的结果。

3.5.2　红外热像技术精确测量的条件

图 3-12 中，T_{obj}、T_{sur}、T_{atm} 分别为物体、环境和大气的绝对温度，i_{obj}、i_{atm}、i_{sur}、i_{img} 分别为物体、大气、环境和扫描器的热辐射，I_{obj}、I_{sur} 分别为温度等于 T_{obj} 和 T_{sur} 的黑体辐射，I_{atm} 为大气的热辐射。

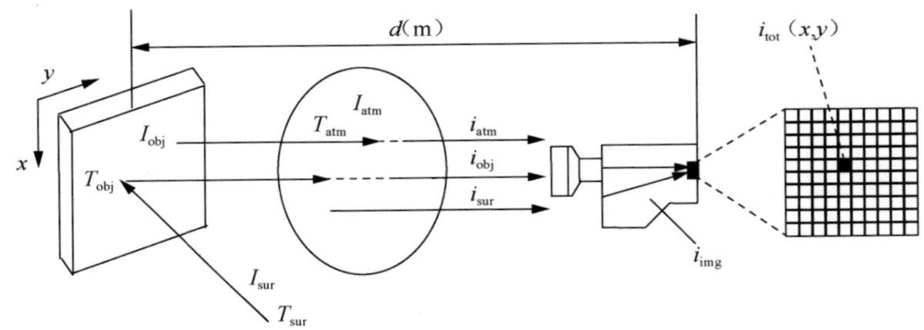

图 3-12　红外热像仪的一般测量环境

图 3-12 中，红外探测器所接收的热辐射能量 i_{tot} 不仅包括来自物体本身的红外辐射 i_{obj}，还包括物体对环境的反射辐射 i_{sur}、大气的透射辐射 i_{atm} 和扫描器内部的热辐射 i_{img} 等，所以红外探测器接收到的热辐射不能简单地用式（3-19）表示，而应表示成

$$\begin{aligned} i_{tot} &= i_{obj} + i_{sur} + i_{atm} + i_{img} \\ &= \tau_o \varepsilon_o I_b(T_{obj}) + \tau_o (1-\varepsilon_o)\varepsilon_a I_b(T_{sur}) + (1-\tau_o) I_{atm} + i_{img} \end{aligned} \quad (3\text{-}21)$$

式中，ε_o 是物体的发射率，ε_a 是环境的发射率，τ_o 是大气的透射率。当用于低温物体的温度测量时，为了达到准确测温的目的，必须从

i_{tot}中扣除大气、环境和扫描器等的热辐射，由于在仪器内部补偿了扫描器的热辐射i_{img}，所以式（3-21）中可以略去i_{img}项。在均匀环境辐射条件下，物体可以等效为$\varepsilon_a = 1$且温度为T_{sur}的黑体辐射，记$I_{\text{obj}} = I_b(T_{\text{obj}})$、$I_{\text{sur}} = I_b(T_{\text{sur}})$，并将$\varepsilon_o$作为待求参数，由式（3-21）可得

$$\varepsilon_o = \frac{i_{\text{tot}} - \tau_o I_{\text{sur}} - (1-\tau_o) I_{\text{atm}}}{\tau_o (I_{\text{obj}} - I_{\text{sur}})} \tag{3-22}$$

大气的温度、气压、相对湿度和大气的组分等都是影响大气的透射辐射i_{atm}的因素，因此很难准确计算i_{atm}的值。当红外热像仪的工作距离$d \leqslant 1.0\text{m}$时，τ_o十分接近 1，忽略i_{atm}几乎不引入理论误差，于是物体的发射率为

$$\varepsilon_o = \frac{i_{\text{tot}} - I_{\text{sur}}}{I_{\text{obj}} - I_{\text{sur}}} \tag{3-23}$$

式中，I_{obj}和I_{sur}可分别用T_{obj}和T_{sur}代入式（3-18）算得

$$I_{\text{obj}} = \frac{A}{\mathrm{e}^{\frac{B}{T_{\text{obj}}}} - F}, \quad I_{\text{sur}} = \frac{A}{\mathrm{e}^{\frac{B}{T_{\text{sur}}}} - F} \tag{3-24}$$

在实际应用中，物体的发射率可以认为是其位置的函数$\varepsilon_o(x,y)$，这时只需用红外热像仪获取物体表面的一幅热像，就可以非常方便地算出物体表面不同位置的发射率。函数$\varepsilon_o(x,y)$可表示为

$$\varepsilon_o(x,y) = \frac{i_{\text{tot}}(x,y) - I_{\text{sur}}}{I_{\text{obj}} - I_{\text{sur}}} \tag{3-25}$$

3.5.3　ε_o、T_{obj}、T_{sur} 和测量精度 e 之间的关系

测量误差主要有随机误差和系统误差。红外热像仪的系统误差可用其标定曲线 $I_b(T)$ 的准确度来衡量。由于红外热像仪的标定曲线是在严格的测量环境下精确标定的，准确性高，一般不会成为测量误差的主要来源，因此，实际应用中可以忽略系统误差，把随机误差作为测量精度的决定因素。假设环境温度为 T_{sur}，红外热像仪测量数据 i_{tot} 的误差为$\pm C$（C 是大于零的常数），物体真实的发射率为 ε_o，其测量值为 ε_o'，红外热像仪的标定曲线为 $I_b(T)=f(T;A,B,F)$，如果要求发射率 ε_o 的测量误差小于等于 e，则

$$\frac{\left|\varepsilon_o-\varepsilon_o{}'\right|}{\varepsilon_o}=\frac{\left|\dfrac{i_{\text{tot}}-I_{\text{sur}}}{I_{\text{obj}}-I_{\text{sur}}}-\dfrac{i'_{\text{tot}}-I_{\text{sur}}}{I_{\text{obj}}-I_{\text{sur}}}\right|}{\dfrac{i_{\text{tot}}-I_{\text{sur}}}{I_{\text{obj}}-I_{\text{sur}}}}=\frac{\left|i_{\text{tot}}-i'_{\text{tot}}\right|}{i_{\text{tot}}-I_{\text{sur}}}=\frac{\left|\pm C\right|}{i_{\text{tot}}-I_{\text{sur}}}\leqslant e$$

由式（3-23）可以求得

$$I_{\text{obj}}\geqslant\frac{C}{\varepsilon_o e}+I_{\text{sur}} \tag{3-26}$$

将式（3-26）代入式（3-18）得

$$T_{\text{obj}}=\frac{B}{\ln\left(\dfrac{A}{I_{\text{obj}}}+F\right)}\geqslant\frac{B}{\ln\left(\dfrac{A}{C/\varepsilon_o/e+I_{\text{sur}}}+F\right)} \tag{3-27}$$

式中，$I_{\text{sur}}=\dfrac{A}{e^{\frac{B}{T_{\text{sur}}}}-F}$。

根据式（3-27）把ε_o、T_{obj}、T_{sur}和测量精度 e 之间的关系绘成图 3-13。图中从上到下曲线的测量精度 e 分别为 0.01、0.02、0.05。

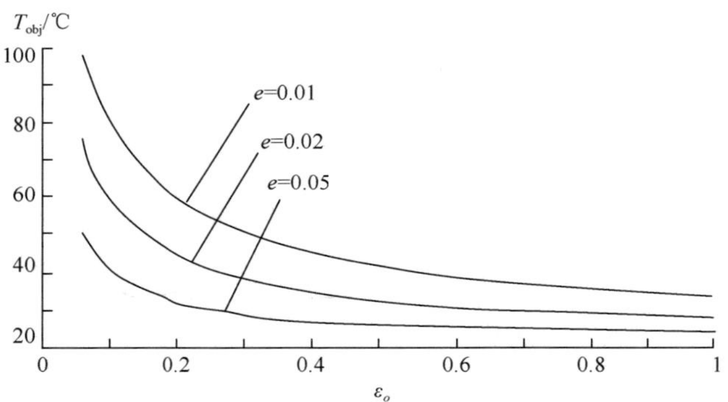

图 3-13　ε_o、T_{obj}、T_{sur} 和测量精度 e 之间的关系

从图 3-13 可以看出：当ε_o≤0.2 时，为了满足测量要求，物体的设定温度 T_{obj} 会急剧增加，说明发射率越小，准确测量就越困难。如果被测物体确定，通过增加物体的设定温度 T_{obj}，可以减小随机误差，从而提高发射率的测量精度。在实际测量过程中，确定测量精度 e=0.02～0.05 是一个比较合理的指标，如果期望更好的测量精度，就必须考虑系统误差的影响。

3.5.4　ε_o 的测量步骤

根据以上分析，用红外热像仪精确测定物体发射率ε_o的步骤归纳整理如下。

（1）确定红外热像仪的标定曲线 $I_b(T)=f(T;A,B,F)$，测量环境 T_{sur}，以及红外热像仪的误差常数 C。

（2）确定测量精度 e。

（3）估计物体发射率的值 $\varepsilon_o'(\leqslant \varepsilon_o)$。

（4）根据 ε_o' 由图（3-13）或式（3-27）计算物体的设定温度 T_{obj}'。

（5）考虑到环境温度的波动 ΔT_{sur}，取物体的设定温度 $T_{\text{obj}} = T_{\text{obj}}' + \Delta T_{\text{sur}}(\Delta T_{\text{sur}} \geqslant 0)$。

（6）将物体放入黑体炉（或专用测定箱），同时将测定箱的温度设定为 T_{obj}。

（7）当测定箱的温度稳定后，用热电偶或精密温度计读取此时测定箱内的温度 T_{obj} 和环境温度 T_{sur}。

（8）迅速打开测定箱的箱盖，利用红外热像仪捕获物体的热像 $i_{\text{tot}}(x,y)$。

（9）通过式（3-25）计算出物体的发射率 ε_o。

如果无法事先对物体发射率数值作出估计，可以先令 $\varepsilon_o' = 0.5$，然后比较 ε_o 与 ε_o'，如果 $\varepsilon_o < \varepsilon_o'$，则不能满足测量要求，于是令 $\varepsilon_o' \leqslant \varepsilon_o$，再次执行测量步骤（4）～（9），便可以获得精确的 ε_o 值。

3.6　精确测温的发射率模型优化算法

在红外物理中，物体的光谱发射率（以下简称发射率）ε 被定义为该物体在指定温度时的辐射能与同温度黑体辐射能的比值，它是一个与测量手段无关的物性参数。测量发射率有助于了解材料的红外辐射特性，有利于材料学科的发展，对促进航空航天、国防科技事业的发展有着重要的意义。材料的红外辐射（热辐射）是由温度引起的，一定温度的物体内的电子、中子、原子及分子的振荡与跃迁释放出来的能量即为辐射能。长期以来，人们就是利用物体的发射率这一经典概念来进行红外温度测量的，然而在实际的测量过程中，数据的获取总离不开具体的测量仪器。对于红外探测器而言，其光谱响应的波长范围有限，并且探测器的光谱响应率也不是一个常数，这就使得探测器输出响应与物体辐射能之间没有简单的对应关系。

因此，在要求精确测温的场合下，很难应用经典意义上的物体发射率。为此在分析探测器输出响应特性的基础上，根据普朗克定律，结合实际的测量，引入凸优化理论，建立发射率测量模型，提出精确测温的物体发射率模型优化算法，利用 CVX 进行优化算法仿真验证。对模型进行优化是为了提升辐射测温数据的准确性，还可以为红外热像仪精确测温提供可靠的保证。

3.6.1 研究目标

红外热像仪测温的准确性主要受被测物体表面发射率的影响，但反射率、大气温度、环境温度、测量距离和大气衰减等因素的影响也不容忽视，这些因素除了影响红外热像仪测温的准确性，还影响红外热像仪在一些领域中的应用。特别是物体表面发射率这一因素，如果估计不准，对测温准确性的影响更大。

（1）根据热辐射理论和红外热像仪的测温原理，系统分析发射率测量的各种影响因素，得到被测物体表面发射率、吸收率、大气透过率、环境温度和大气温度的关系，建立红外热像仪测量发射率物理模型。

（2）通过研究被测物体表面的发射率、反射率和透射率，并结合红外物理中的三大辐射定律得到被测物体表面的有效辐射。建立辐射测温方程及目标温度场和等效温度场（部分辐射温度）的转换模型，为建立发射率模型提供可靠的理论依据。

（3）通过对红外热成像技术测量原理的分析指出了消除环境干扰的条件，并建立精确测定物体发射率的模型，对其不确定性进行精确的分析。

（4）建立发射率模型，提出一种基于红外热成像技术精确测温的发射率补偿算法，对发射率模型进行优化设计，并利用 CVX 工具包进行优化算法仿真验证。

3.6.2　拟解决的关键问题

（1）考虑影响红外热像仪精确测温的因素，对红外热像测温技术进行研究。

（2）建立精确测温的发射率模型。

（3）凸优化理论的研究，掌握 CVX 优化理论。

（4）提出发射率模型的优化算法并进行仿真验证。

3.6.3 研究思路

精确测温的发射率模型优化算法研究为提高红外热像仪的精确测温提供了可靠的保证。采用理论与实验相结合的方法，具体研究过程如下。

（1）热辐射理论和红外热像测温系统的研究。根据普朗克定律，系统分析各种因素对红外热像仪测温的影响，给出在测量物体表面温度时被测物体吸收率、大气透过率、大气温度和环境温度误差对发射率的影响，为精确测温的发射率模型的建立提供理论基础。

（2）建立基于红外物理学的红外成像系统模型。根据热像仪接收到的被测目标的有效红外辐射，建立辐射测温方程，将要进行目标温度场和等效温度场（部分辐射温度）的建模方法研究。通过对被测物体表面发射率、反射率和透射率关系的研究，并结合红外物理中的三大辐射定律得到被测物体表面的有效辐射，建立发射率和温度、波长的数学模型，为红外热像仪的精确测温提供保证。

（3）对红外热像仪精确测温理论进行深入研究，建立发射率优化模型，对其不确定性进行精确分析。

（4）研究基于红外热成像技术精确测温的发射率补偿算法，对发射率模型进行优化设计，利用 CVX 工具包进行优化算法仿真验证。

为了清晰起见，发射率模型优化思路如图 3-14 所示。

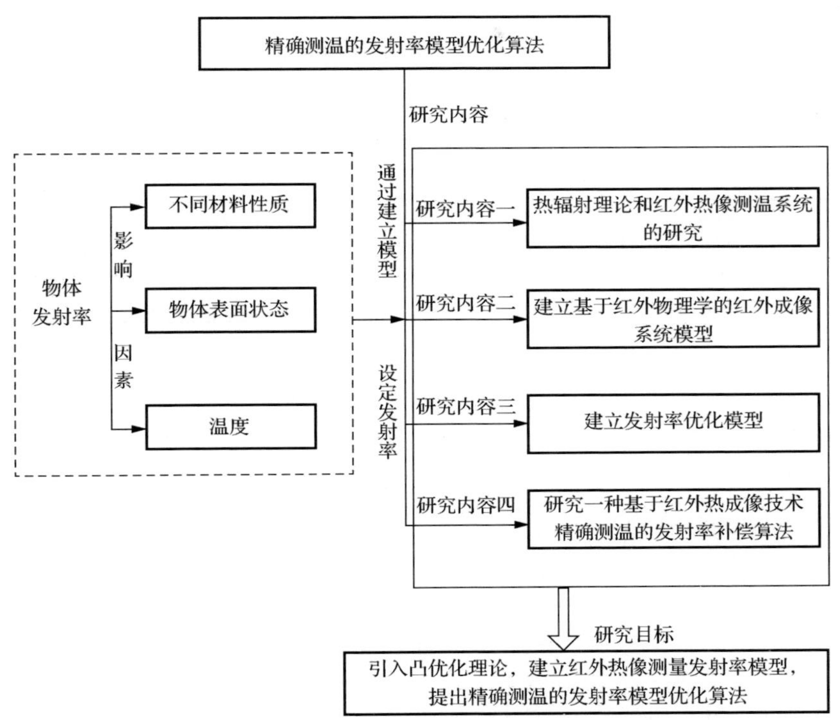

图 3-14　发射率模型优化思路

3.6.4　研究方案

拟采用理论分析、建模与仿真、特征分析、算法优化、仿真验证的方法进行研究。研究的技术路线如图 3-15 所示，首先，分析研究热辐射理论和红外热像仪的测温原理。在对热辐射理论和红外热像仪的测温原理有了深刻认知后，再建立红外热像测温物理模型；其次，建立辐射测温方程及目标温度场和等效温度场转换模型，同时需要考虑发射率、大气透过率等因素的影响；最后，建立精确测温的发射率模型，引入凸优化理论，进行 CVX 优化策略研究，提出发射率模型优化算法，还要对建立的模型进行实验验证，以及对优化算法进行仿真验证。

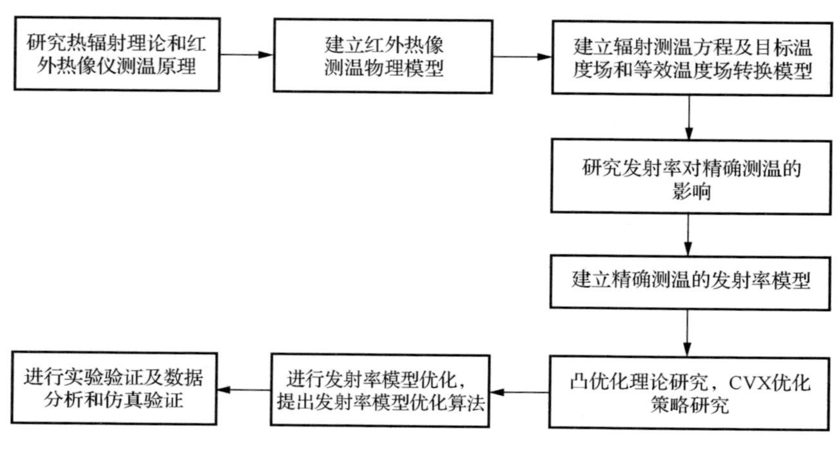

图 3-15　研究的技术路线

为了分析本研究方案的可行性，对需要解决的问题和技术方案做以下简单介绍。

被测物体表面的发射率是影响红外热像仪测温精度的最大不确定因素。物体表面状况包括表面粗糙度、氧化层厚度、物理或化学污染杂质等。发射率的大小与表面温度、发射角度、辐射波长、偏振方向有关，作为表征材料表面辐射特性的一个物理量，这种依赖关系主要受表面状况的影响。

3.6.5　发射率模型优化

用红外热像仪进行温度测量时，如果发射率的设定值偏离真实值很大，目标温度的测量误差随发射率设定误差的增大呈现负的增长；当发射率设定值小于真实值时，随着发射率误差的增加目标温度的测量误差呈现正的增长。发射率的设定在辐射测温中占有重要的地位，它对测温精度的影响非常大。为了精确测温，尽量精确设定发射率的数值，必须充分考虑各种影响发射率测量的因素，通过减小发射率的误差来提高测温精度。

发射率、反射率、透过率之间的关系如下

$$\varepsilon + \rho + \tau = 1 \tag{3-28}$$

在进行发射率测量时，必须保证式（3-28）中的三个物理量的几何条件是一致的。当通过反射率和透射率计算法向发射率时，光谱条件要求ε、ρ、τ必须属于相同光谱范围内的观测值，反射率和透射率必须是均匀漫反射和法向观测的值。

如果利用热像仪进行发射率测量时，在没有确定的发射率和标准校准的黑体时，可以根据被测物体表面情况自行设定物体的发射率。

将 CVX 用于发射率模型的算法优化，可以使建立的发射率模型更精确。在任何表面状态和温度下，只要采集到该状态下目标各个光谱的辐射量，就可以训练出该目标的连续光谱发射率。物体表面发射率分布即使表面看起来一致，实际也存在变化。通过建立的优化模型，实现了在测温时利用各个点的发射率来精确校准各个点的温度；利用 MATLAB 软件仿真出发射率与温度曲线，并从曲线的走势分析，建立线性和指数两种数学模型；拟用两种数学模型对其他文献提供的数据进行模拟仿真，使得模型与实际测量的相对误差减小，同时总结适合两种模型的材料特性。

精确测温的发射率模型优化算法的研究可以提高辐射测温的精度，为红外热像仪精确测温提供保证，具有很好的发展前景和经济效益。

3.7　物体表面温度的精确测量

利用红外热像测温技术测量高温物体表面温度场是一项全新的技术，红外热像测温技术是一种非接触、灵敏度高、直观、准确、快速、安全、应用范围广泛的测量物体表面温度场分布的检测技术。该技术已在电站、配电设备和变电站等电气设备和机器设备的状态监测、高压电线巡检、半导体元件和集成电路的质量筛选和故障诊断、石化设备的故障诊断、火灾的探测、材料内部缺陷的无损检测和传热研究等领域得到广泛的应用，并取得了可观的经济效益。随着计算机技术的飞速发展，特别是 20 世纪 80 年代以后，热图实时数字处理技术的出现，使热像仪的操作、使用更加方便，热像仪的测温精度不断提高，测温的动态范围更大，设备更加小巧，热像仪在我国各行各业的普及率也迅速提高。红外热像仪可以通过数字图像处理技术实时地获得高温物体表面的温度，使其在建材、冶金、热电厂、焊接等方面的应用十分广泛，红外热像仪测温不但能保证产品质量、节约能源，而且在优化燃烧、保护环境等方面也具有重要意义。在成熟的辐射测温原理基础上，国内外一些学者结合数字图像处理技术，在工业炉温度场检测方面取得了非常好的效果。

针对神经网络计算温度法在计算温度时存在较大误差的问题，提出用改进输入的 BP 神经网络法和最小二乘法计算温度。

3.7.1　高温测温原理

为了方便讨论，在此做如下假设[118]。

（1）高温辐射体表面微小面元分割。

在图 3-16 中，高温物体表面划分区域为 *ABCD*，为使 *ABCD* 在红外热像仪上清晰成像，调节位于 *O* 点的红外热像仪焦距，使物面上每一个物点在像面上都有一个共轭点与之对应。然而热像仪对光学图像进行采样时，却破坏了这种一一对应关系，因为焦平面上每一个光敏单元都是分隔开的。与红外热像仪分辨率（$M\times N$）相对应，高温物体表面 *ABCD* 分割成 $M\times N$ 个单元。设小面元 *abcd* 是 *ABCD* 平面上第（i,j）个面元，与红外热像仪焦平面上的第（i,j）个像素点对应。

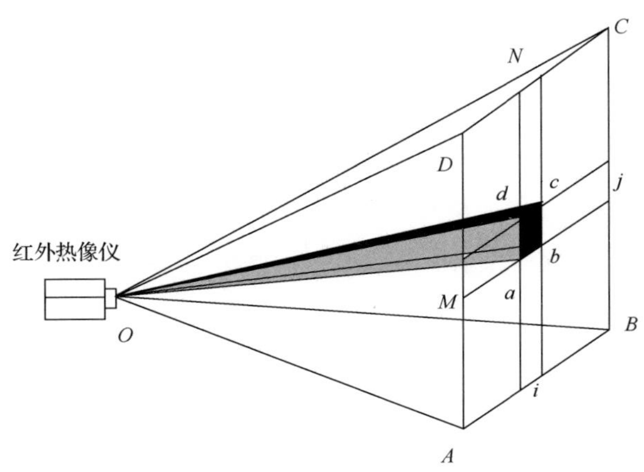

图 3-16　红外热像仪焦平面阵列像素和物体上面元的对应关系

（2）被测高温物体具有实的物面。

如果被测物体具有实的物面，则可以在红外热像仪上得到清晰的像。忽略红外热像仪成像时空气的影响，认为红外热像仪焦平面上的像能准确反映辐射体表面的温度。

（3）同一个面元内温度相同。

在加热时，炉膛内温度一般是不均匀的，即存在一定的温度梯度。因为工业炉膛体积庞大，其中填入物料的总质量也比较大，但在一个足够小的区域内温度变化不大。若红外热像仪分辨率很高，镜头选择得也合适，那么我们就可以考虑在每个微小面元内温度都相同，对于高温辐射体，相同面元的温度相同。

（4）红外热像仪焦平面上的每个像素点的能量都来源于对应面元的光辐射。

为了能在红外热像仪焦平面上清晰成像，必须使物面上的点与像面上的点一一对应。即物面上的每一个微小面元都对应像面上唯一的像素单元。这种一一对应关系恰恰说明了红外热像仪焦平面的每一像素点，都只接收其对应面元的光辐射能量。

（5）炉内物料认为是余弦辐射体。

高温物料的亮度，从各个方向看都是一样的。因此表面粗糙的自身发射体接近余弦辐射体。

3.7.2 精确测温算法

为了建立起热像灰度值和温度的对应关系，从红外热像仪拍摄的黑体炉内热辐射图像中提取热像灰度值，通过黑体建立辐射量和温度之间的关系，对处于不同温度的黑体进行测量，并将测量值与黑体精确的温度值拟合，得到校准曲线。在不同的精度及测量条件下得到不同的校准曲线，校准数据储存在存储器里。当进行温度测量时，通过查找相应的修正曲线表，即可得到温度值。由于暗电流、拖影、光晕等影响会使红外热像仪图像模糊，导致莫尔干涉条纹出现，且图像信号经过几个转换环节会产生一些高频分量。因此，为了减少测量误差，必须对这些图像进行预处理。

在标定时，为了使炉子达到不同的温度值，调节黑体炉温控装置，取数字图像处理后的中心点的伪彩色值。由此可以建立起温度和伪彩色灰度值之间的一种对应关系。在实际计算温度时，运用式（2-55）时往往不对 A、B、F 系数进行具体的标定，而是采用其他算法得到测温结果，下面对三种常见算法进行讨论。

1. *神经网络法*

神经网络可以处理用常规方法较难确定的复杂函数，在这里我们把温度看成三基色灰度值的函数。这里采用 BP 神经网络，输入层有 3 个神经元，输出层有 1 个神经元。输出层的神经元代表温度值，输入层的 3 个神经元分别代表 R、G、B 三通道的灰度值。通过系统标定得到温度和三基色灰度值的关系，把（R, G, B, T）作为教师信号，对网络进行训练。为了检验 BP 神经网络的拟合精度，通过改变黑体炉的温度，设定不同的训练温度值。用红外热像仪拍摄温度图像，采用相同的方法对图像进行预处理，得到新的一组（R, G, B, T）实验数据，以此作为 BP 神经网络的输入，拟合结果如表 3-1 所示。

表 3-1　黑体炉温度的 BP 神经网络拟合结果

	温度数据				最大误差/%
设定值 T/K	1162	1182	1222	1262	0.3
计算值 T/K	1158.5	1181.3	1223.2	1258.0	

为了测量热电偶端点处的温度值，在普通煤炉内安装了一个热电偶。每隔 1min 拍摄 1 幅燃烧图像，共拍摄 3 幅燃烧图像，取各图像中热电偶测温端点的灰度值，作为 BP 神经网络的输入，拟合结果见表 3-2。

表 3-2　普通煤炉温度的 BP 神经网络拟合结果

	温度数据			最大误差/%
热电测量结果 T/K	1238	1238	1238	3.3
神经网络结果 T/K	1213.5	1217.3	1197.5	

BP 神经网络的函数拟合方式有很多，但 BP 神经网络不一定恰好拟合出式（2-55）。从表 3-2 可看出该 BP 神经网络在计算普通煤炉温度时存在较大误差。由于被测对象（普通煤炉）是非黑体且存在一定的火焰脉动，并且光路上存在烟雾，在这样的工况下计算结果一定会产生较大的误差，而且大于对黑体炉的测温误差。这种计算方法没有体现出比色测温法的优点，实质上是用三通道的灰度值直接计算的温度。

2. 最小二乘法

将式（2-55）改写为

$$\log\left[\left(\frac{A}{I_o}+1\right)/F\right]=\frac{B}{t+273.15} \tag{3-29}$$

式（3-29）说明$\log\left[\left(\frac{A}{I_o}+1\right)/F\right]$与$\frac{1}{T}$（其中$T=t+273.15$）是线性对应关系。沿用前面系统标定的（*R*, *G*, *B*, *T*）对应关系，拟合出$\log\left[\left(\frac{A}{I_o}+1\right)/F\right]$和$\frac{1}{T}$的一条直线，通过这种线性关系能够计算出温度。为了做对比，使用最小二乘法对同样的实验数据进行处理，得到普通煤炉和黑体炉的温度计算结果如表 3-3 所示。

表 3-3　普通煤炉和黑体炉的温度计算结果

<table>
<tr><th>结果一</th><th>测量结果 T/K</th><th>计算值 T/K</th><th>结果二</th><th>设定值 T/K</th><th>计算值 T/K</th></tr>
<tr><td rowspan="4">普通煤炉的温度计算结果</td><td>1238</td><td>1212.4</td><td rowspan="4">黑体炉的温度计算结果</td><td>1162</td><td>1163.8</td></tr>
<tr><td>1238</td><td>1249.6</td><td>1182</td><td>1177.6</td></tr>
<tr><td rowspan="2">1238</td><td rowspan="2">1223.5</td><td>1222</td><td>1238.1</td></tr>
<tr><td>1262</td><td>1260.8</td></tr>
<tr><td>最大误差/%</td><td colspan="2">2.1</td><td>最大误差/%</td><td colspan="2">1.3</td></tr>
</table>

通过比较神经网络法和最小二乘法的计算结果可知，最小二乘法的计算精度比较稳定，无论对普通煤炉还是对黑体炉都是如此。神经网络在黑体炉上的计算精度要高一些，而最小二乘法对普通煤炉温度的计算精度较高，工程实用价值更大一些。

3．改变输入的神经网络法

普通煤炉等设备工作时由于存在烟雾、火焰脉动及非黑体等的影响，直接影响了热像仪的输出。为消除影响，改变神经网络法的输入内容，将输入项改为 R/G、R/B、G/B，这种方法体现了比色测温的思想。用改变输入后的神经网络法计算同样的实验数据，计算结果如表 3-4 所示。

表 3-4　改变输入后的神经网络法计算结果

<table>
<tr><th>结果一</th><th>测量结果 T/K</th><th>改变输入后的神经网络法拟合结果 T/K</th><th>结果二</th><th>设定值 T/K</th><th>计算值 T/K</th></tr>
<tr><td rowspan="4">普通煤炉的温度计算结果</td><td>1238</td><td>1220.4</td><td rowspan="4">黑体炉的温度计算结果</td><td>1162</td><td>1162.5</td></tr>
<tr><td>1238</td><td>1247.8</td><td>1182</td><td>1182.8</td></tr>
<tr><td rowspan="2">1238</td><td rowspan="2">1228.2</td><td>1222</td><td>1223.8</td></tr>
<tr><td>1262</td><td>1254.3</td></tr>
<tr><td>最大误差/%</td><td colspan="2">1.4</td><td>最大误差/%</td><td colspan="2">0.6</td></tr>
</table>

通过分析以上三种算法的结果发现，最小二乘法简单方便，而且计算量较小；改变输入后的神经网络法对普通煤炉的温度计算精度最高[119]。

3.8　大气透过率的二次标定

红外热像仪是响应红外目标辐射温度的仪器设备，除广泛应用于侦察、目标搜索、火控、航空等军事领域外，还广泛应用于电力、环境、工业、医疗等民用领域。其中，民用领域最重要的一个应用就是测量未知目标的辐射温度，利用红外热像仪在较远处对辐射目标进行温度测量时，其测量结果与辐射目标的辐射温度估计值会出现较大的偏差，并随温度升高，偏差有逐渐增大的趋势。经实验分析，我们认为红外热像仪在进行出厂标定时，多在实验室条件下进行标定，在实验室环境下标定过的测温热像系统不适宜外场使用，且测温软件中应用的大气透过率修正软件也多为标准大气条件，而外场环境复杂多变，测温系统自带软件不能很好地模拟外场复杂大气条件，要实现辐射外场辐射目标的准确测温，必须对测温系统和待测辐射源目标在相同环境、相同距离条件下进行标定，即对大气透过率参数做二次修正[120-126]。

研究红外热像仪的外场远距离测温，提出一个采用标准面源黑体和红外热像仪对大气透过率进行二次标定的方法。首先，相对于标准面源黑体的设置温度标定二次大气透过率修正系数；然后，在已知目标感兴趣区域发射率情况下，用二次修正系数对未知辐射源测量值进行修正，便能准确测量出未知辐射源目标的辐射温度。

3.8.1　红外热像仪标定原理

红外热像仪通常是在实验室或生产车间中，在理想距离下用黑体（或灰体）进行标定，其标定理论模型如下

$$M = \tau_a \int_{\lambda_1}^{\lambda_2} \varepsilon \lambda T^4 \mathrm{d}\lambda \tag{3-30}$$

$$\tau_a = \mathrm{e}^{-\sigma_0 R} \tag{3-31}$$

式（3-31）中，σ_0 是以 km^{-1} 为单位的整个光谱的衰减系数；R 是以 km 为单位的距离。

$$\sigma_0 = \sigma_a + \sigma_r + \sigma_s + \sigma_d \tag{3-32}$$

式（3-32）中，a 代表吸收（分子吸收占主要地位，包含气体介质与气溶胶分布导致的吸收与散射）；r 代表反射；s 代表散射；d 代表衍射。在实验室用标准黑体标定时，$\tau_a \approx 1$。

具体标定过程如下，首先将标定过的黑体设置在某一特定温度下，并使目标源辐射孔径和待标定系统接收孔径处在同一水平面上。然后等到黑体温度稳定后，对待标定测温热像系统进行聚焦，并在待测系统中设定目标发射率、背景温度、大气温度、大气湿度和测试距离等参数。最后，在待测系统的视窗界面上选定感兴趣的区域。此时，在视窗界面上显示的温度即为待测系统测定目标的真实辐射温度。将视窗界面上显示的温度与黑体设定的温度进行比较，即完成红外热像仪的标定。

3.8.2 红外热像仪外场精确测温原理

在已知红外目标辐射源发射率的前提下，对不能实现接触式测量且属高危的辐射目标进行温度测量时，红外热像仪和系统操作员必须处在安全距离范围内，而国内外的红外热像仪制造商都对软件进行了加密处理，只需在视窗界面内输入环境参量，在软件内部用集聚法或 LOWTRAN 法计算大气透过率，并对红外测温系统进行聚焦即可完成自动测量，其测温原理如图 3-17 所示。

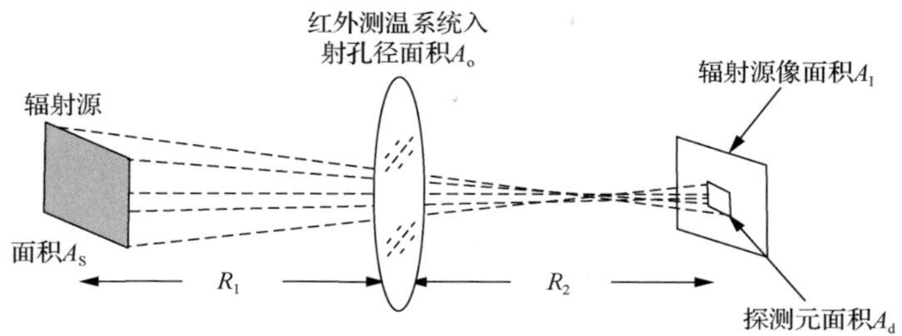

图 3-17　红外热像仪的测温原理

图 3-17 中，假定待测辐射源辐射面积为 A_S，离光学系统的距离为 R_1，红外测温系统入射孔径面积为 A_o，光学系统到像面的距离为 R_2，辐射源像面积 A_I，探测元面积为 A_d，则测温系统输出的电压响应 V_{SYS} 可表示为

$$V_{SYS} = G\int_{\lambda_1}^{\lambda_2} R(\lambda)\frac{\pi}{4}\frac{L_e A_d}{(f/\#)^2(1+M)^2}\tau_{SYS}(\lambda)\tau_{ATM}(\lambda)\mathrm{d}\lambda \quad (3\text{-}33)$$

式中，G 为系统增益设置，R（λ）为红外测温系统响应度，L_e 为待测目标的光谱响应度，$f/\#$为光学系统 F 数，τ_{SYS} 为测温系统透过率，τ_{ATM} 为大气透过率，$M=R_1/R_2$ 是放大系数，且 R_1 和 R_2 是和系统焦距 f_{SYS} 相关的，即

$$\frac{1}{R_1}+\frac{1}{R_2}=\frac{1}{f_{SYS}} \quad (3\text{-}34)$$

式（3-33）和式（3-34）说明，测温系统输出和辐射目标特性、测温系统本身特性和辐射源到测试系统之间的大气特性相关，若目标辐射特性和测温系统特性确定（测试和标定过程都保持同一特性），那么，得到的测温结果就仅和测温系统到辐射源之间的介质大气特性相关。

显而易见，除大气温度、湿度、背景温度和距离影响大气透过率外，大气质量、风速、气压和大气化学组成等参量也在很大程度上影响大气透过率。因此，为了准确测量远距离目标辐射温度，必须对真实大气透过率进行准确的二次标定。在这种情况下，依靠数学模型完成对大气透过率的模拟就不是一件特别容易的事，但可设计一种简单的实验来完成大气积分透过率的二次标定，最终完成红外目标源辐射温度的测量，其温度测量原理流程如图 3-18 所示。首先选择一个标定过的面源黑体（或灰体），并将黑体放置在和待测目标相同的位置，对其温度进行设定（设定温度可由待测目标的辐射特性做出估算）。然后，依靠红外测温热像仪本身的参数设置表测量出被测黑体的示值温度，调节红外热像仪参数设置表的透过率修正值，直至黑体的示值温度与黑体的设置温度相同，此时修正栏中的大气透过率修正值即为大气透过率的二次标定值。

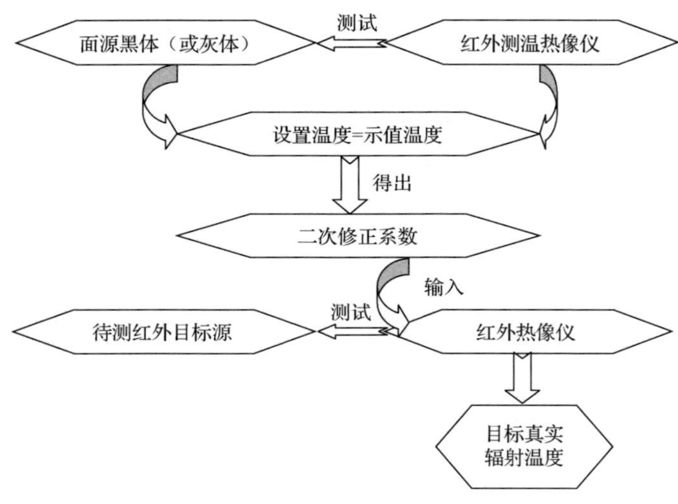

图 3-18　温度测量原理流程

当在相同的距离下进行二次大气透过率标定并测量未知辐射源的辐射温度时，只需将辅助仪表的测量值（如温度、距离和大气湿度等）再次输入红外热像仪的参数设置表中，并输入测量感兴趣区域的发射率系数和大气透过率的二次标定值。这时，红外热像仪的输出显示视窗上显示的温度就是感兴趣区域的真实温度。

3.8.3　大气透过率二次标定系数实验分析

为了验证建立的外场精确测温方法的正确性，选取了一台经过标定的辐射口径为 10cm、温度范围为 50～600℃、长期稳定性为 0.1℃、均匀性≥0.98、发射率为 0.93 的黑体（或灰体）作为红外目标辐射源，美国 FLIR 公司生产的 SC3000 红外热像仪作为标定对象进行了大气透过率二次标定系数实验，该型号热像仪安装了 2.5° 的远距离视场镜头，测温范围为-80～1500℃（可根据不同的测温范围选取不同的测温档），温度灵敏度≤30mK。测试条件如表 3-5 所示。

表 3-5　测试条件

大气温度/°C	背景温度/°C	大气湿度/%	风
36	36	55	微风

在大气透过率二次修正实验中，分别将黑体温度设置为 50℃、100℃、150℃和 200℃四种不同的温度，并且对黑体进行了 50m、60m、70m、80m 和 90m 共五次不同距离的移动，二次修正测试结果如表 3-6 所示。

表 3-6 大气透过率二次修正测试结果

测试距离/m	黑体设置温度/℃	热像仪示值温度/℃	计算大气透过率/%	修正大气透过率/%	总修正大气透过率/%
50	50	49.3	92	92	85
	100	89.5	92	72	66
	150	129.8	92	69	63
	200	166.7	92	70	64
60	50	50.2	91	91	83
	100	85.6	91	71	65
	150	132.2	91	71	65
	200	167.0	91	68	62
70	50	50.4	90	90	81
	100	88.7	90	71	64
	150	129.1	90	68	61
	200	166.7	90	67	60
80	50	50.7	89	89	79
	100	90.0	89	71	63
	150	129.3	89	67	60
	200	167.5	89	66	59
90	50	50.3	89	89	79
	100	90.0	89	71	63
	150	130.7	89	68	61
	200	170.5	89	69	62

根据表 3-6 中的测试结果分别绘制了三种关系曲线：不进行二次透过率修正时，热像仪示值温度与黑体设置温度关系曲线，如图 3-19 所示，以及大气透过率二次修正系数与测试距离、黑体设置温度的关系曲线，如图 3-20 和图 3-21 所示。

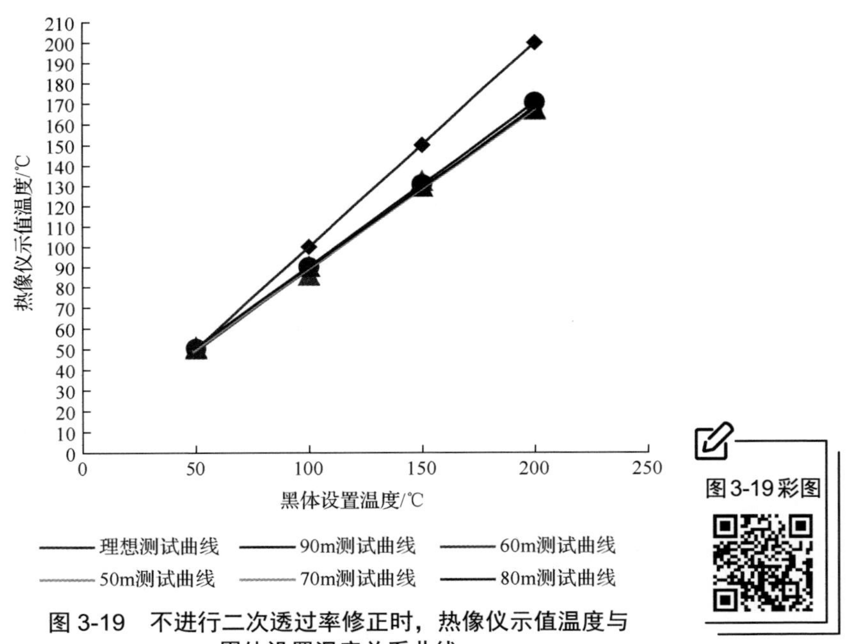

图 3-19　不进行二次透过率修正时，热像仪示值温度与黑体设置温度关系曲线

图3-19彩图

从图 3-19 可以看出，理想（LOWTRAN 模型可精确评估大气透过率）情况下，热像仪示值温度与黑体设置温度的斜率应为 1，实际斜率远小于 1，在 50～90m 距离下，其斜率基本为一定值，约为 0.7。这就说明，要想使用非接触式测温法准确测量未知目标源的辐射温

度，除需精确知道待测目标发射率外，还必须在相同距离下对大气透过率做二次修正。

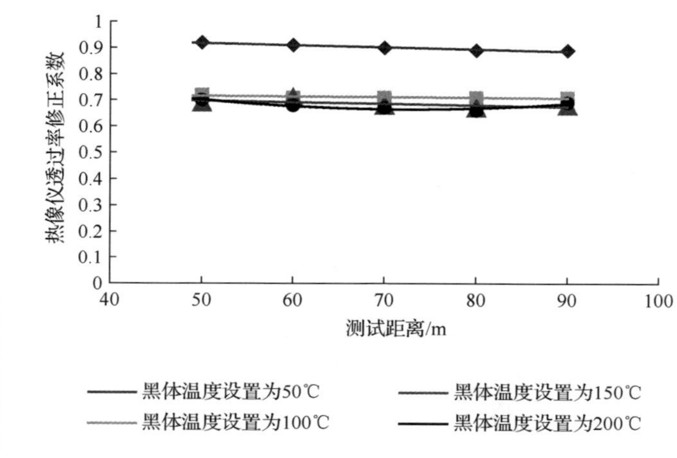

图3-20彩图

图 3-20　大气透过率二次修正系数与测试距离关系曲线

从图 3-20 可以看出，黑体温度设置为 50℃，测试距离在 50～90m 之间，用 LOWTRAN 模型计算得来的透过率可不经过修正就直接使用，即测量值与黑体设定值基本吻合，但随着黑体设置温度的进一步升高，大气透过率必须进行二次修正；随着测试距离的增大，其二次修正值的变化并不明显，仍符合用 LOWTRAN 模型模拟的变化规律，这说明对于该类红外热像仪，在被测目标温度高于 50℃时，要想精确测量被测目标温度，必须对测量值进行修正。

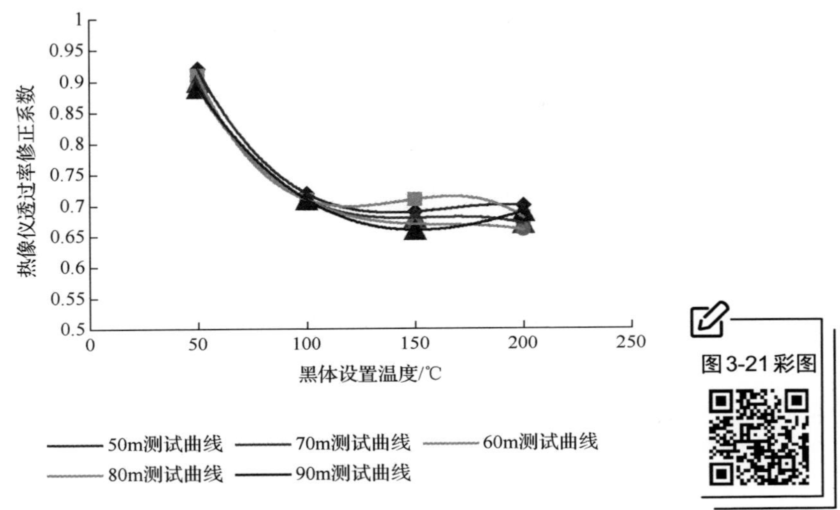

图 3-21 彩图

图 3-21　热像仪透过率修正系数与黑体设置温度关系曲线

从图 3-21 可以看出，黑体设置温度从 50℃不断升高（二次大气透过率近似为 1），大气二次透过率修正系数在 50～100℃范围内迅速下降，在 100～200℃范围内下降趋势逐渐减缓，逐渐接近于一个约为 0.7 的常数。

3.9　本 章 小 结

本章在红外热像仪测温影响因素分析的基础上，给出了提高测温精度的测温系统。通过各种发射率测量方法的比较，给出了利用红外热像仪精确测定物体发射率的方法。利用红外热像仪进行了物体表面温度精确测量的算法研究，采用改进输入的神经网络法和最小二乘法，根据红外热像仪的输出图像来计算高温物体温度。建立了红外热像仪外场精确测温模型，进行了大气透过率的二次标定，利用二次修正系数对未知辐射源测量值进行修正，达到准确测量目标辐射温度的目的。精确温度测量因素的分析结果对提高红外热像仪的测温精度及降低测温误差都具有重要的意义。

第 4 章

宽波段比色测温技术

发射率直接影响着辐射测温的精度，为了减少发射率对辐射测温精度的影响，考虑采用比色测温技术，搭建宽波段的中低温比色测量系统。比色测温的结果不会随物体表面的状态（不同的表面粗糙度或不同的表面化学状态）而改变，也不会影响温度测量的准确性。适合在有烟雾、灰尘或水蒸气等环境中使用，因为这些媒质对两个不同波长λ_1及λ_2的光波吸收特性差别不大，所以由这些媒质吸收所引起的误差很小。

4.1 宽波段比色测温系统及原理

非接触测温中辐射测温的基本理论是黑体辐射的普朗克定理，数学上一般可由普朗克定理和维恩位移定律来描述辐射量和温度的关系。辐射测温系统的组成如图 4-1 所示，主要由辐射源，光路系统（滤光片、聚光镜），探测器和数据处理系统（信号接收系统、信号处理系统）组成。

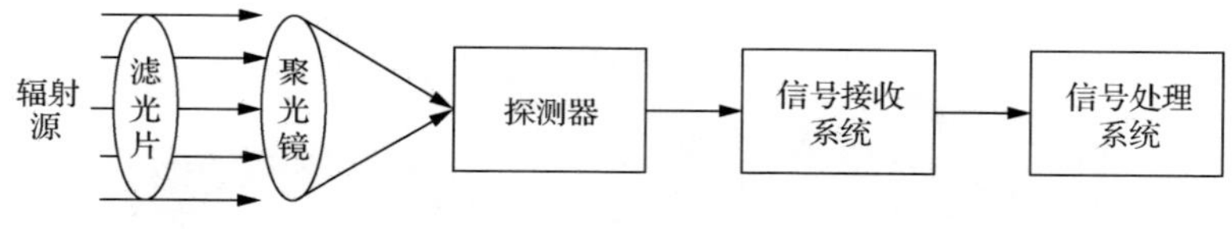

图 4-1 辐射测温系统的组成

4.1.1 宽波段比色测温的实验系统

宽波段比色测温法基于比色测温法的理论将比色系统的窄波带

范围放宽进行积分，从而获得实验结果。比色测温法是通过测量两个波长范围辐射量比值求目标辐射源真实温度的方法，可大大减少与发射率有关的温度误差。通过上述实验理论的研究和合理的条件假设，得出宽波段比色测温的实验系统原理图如图 4-2 所示。

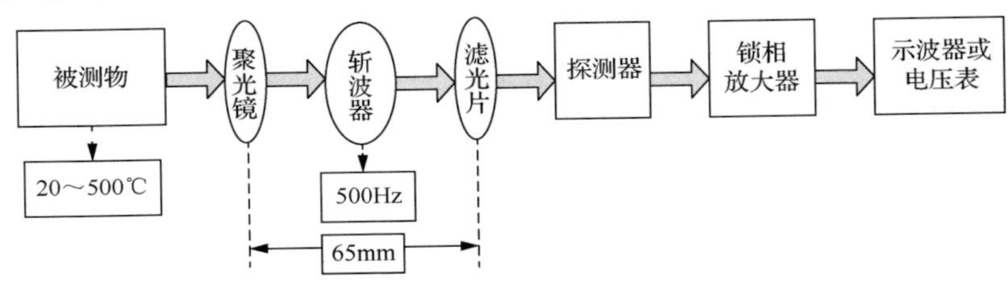

图 4-2　宽波段比色测温的实验系统原理图

图 4-2 中光学通路中的斩波器起开关的作用，它可以大大减少噪声，提高信噪比。而滤光片则是比色测温的重点，通过更换滤光片能在理论上实现宽波段非接触测温。探测器用来使输入的辐射光转化为电信号。微弱的电信号经过放大器在示波器上显示，显示的值如果稳定，则实验成功；如果波动很大，说明需要对实验系统进行调整，如调整设备间的距离、斩波器的频率等，也可能是实验环境的影响，如温度、湿度的变化、周围物体的辐射影响等，还可能是光学通路的距离影响。

4.1.2　宽波段比色测温的实验原理

比色测温的理论原理是通过测量两个不同波长 λ_1、λ_2 的辐射亮度之比 $L(\lambda)$ 来确定被测目标温度 T，也称双色测温。比色测温法一般需要选定两个红外波长及有限的波段（有限到一般只用中心波长代替，可对波段予以忽略不计），收集两个相近波段内的辐射能量，将它们转化为电信号后再进行计算和比较，进而由比值确定被测目标的温度。比色测温方法的显著特点是可消除测量路径上大气、烟雾、灰尘等因素带来的干扰，因此理论上的温度测量精确度较高。但是，由于信号收集时是两个窄带波段$\Delta\lambda_1,\Delta\lambda_2$而不是单波长$\lambda_1$、$\lambda_2$的值，所以在信号能量较小时，测量结果的误差较大，且窄波段的宽度也将直接影响测量精度。

宽波段比色测温是要测量被测目标在两个波段上的辐射积分，然后由其比值来确定被测目标的辐射温度。

设黑体辐射出射度为$M_0(\lambda,T)$，那么温度为T、发射率为$\varepsilon(\lambda)$的目标在红外探测器上的光谱辐射照度为

$$E_T(\lambda)=\frac{1}{4}\varepsilon(\lambda)\tau_a(\lambda)\tau_0(\lambda)M_0(\lambda,T)\left(\frac{D}{f'}\right)^2 \tag{4-1}$$

式中，D和f'分别为光学系统的通光口径和焦距；$\tau_a(\lambda)$和$\tau_0(\lambda)$分别为大气和光学系统的光谱透过率。那么，在$\Delta\lambda_i\in[\lambda_{\min},\lambda_{\max}]$波段，探测器输出的信号电平为

$$U_i(T)=\frac{1}{4}A\left(\frac{D}{f'}\right)^2\int_{\Delta\lambda_1}R_V(\lambda)\varepsilon(\lambda)\tau_a(\lambda)\tau_0(\lambda)M_0(\lambda,T)\mathrm{d}\lambda \tag{4-2}$$

式中，$R_V(\lambda)$为探测器光谱响应率，A为探测器单元的面积。

在宽波段测温时，通常假设被测目标为灰体，即$\varepsilon(\lambda)=\varepsilon_0$（常数），又因为实验的测试距离有限，即大气的光谱透过率$\tau_a(\lambda)$可忽略，那么宽波段信号的比值定义为

$$Z(T)=\frac{U_1(T)}{U_2(T)}=\frac{\int_{\Delta\lambda_1} R_V(\lambda)\varepsilon(\lambda)\tau_a(\lambda)\tau_0(\lambda)M_0(\lambda,T)\mathrm{d}\lambda}{\int_{\Delta\lambda_2} R_V(\lambda)\varepsilon(\lambda)\tau_a(\lambda)\tau_0(\lambda)M_0(\lambda,T)\mathrm{d}\lambda} \tag{4-3}$$

$$Z(T)=\frac{U_1(T)}{U_2(T)}\approx\frac{\int_{\Delta\lambda_1} R_V(\lambda)\tau_0(\lambda)M_0(\lambda,T)\mathrm{d}\lambda}{\int_{\Delta\lambda_2} R_V(\lambda)\tau_0(\lambda)M_0(\lambda,T)\mathrm{d}\lambda} \tag{4-4}$$

由式（4-3）可知，只要准确测出不同波段内探测器接收到的目标辐射的电压值 $U_1(T)$ 和 $U_2(T)$，测量并拟合出探测器在不同波段内的光谱响应率 $R_V(\lambda)$，各波段内光谱透过率 $\tau_a(\lambda)$ 和 $\tau_0(\lambda)$，代入式（4-4）即可得到目标辐射源的一组温度值 T。

4.2　影响实验器件选择的因素分析

宽波段比色测温系统在选择探测波长、探测器、带宽及光学系统时，影响实验器件选择的因素非常多，详见如下分析。

4.2.1　探测波长

涉及探测波长的影响因素很多，主要因素包括被测辐射源的辐射率、测温的范围、探测器的光谱响应率和系统的动态性能，以及系统的响应灵敏度和信噪比等。

对于宽波段比色测温研究而言，要确保温度测量精确度的前提条件是好的线性度和高的灵敏度，而探测波长对测量系统的线性度和灵敏度都有很大影响。合理的探测波长能够有效降低被测物质组成材料的发射率和外界环境背景对测温的影响。同时，需要注意，对于辐射测量存在着“大气窗口”，也就是辐射波长为 3～5μm 或 8～14μm，因为大气、烟云等对 3～5μm 和 8～14μm 的热红外线几乎没有阻碍，但可以吸收除此之外的可见光和近红外线。也就是说，对于宽波段比色测温实验系统的探测波长，尽量选择处于“大气窗口”中的波长，避开光电传输系统中大气成分对探测波长的强烈吸收，尽量减少实验误差。

4.2.2 探测器

探测器性能参数包括三个：探测器几何参数、电参数及性能指标。此处主要讨论探测器的性能指标，因为它可以直接反映探测器的探测能力。探测器的探测能力有两种含义：（1）探测器接收到单位辐射功率时产生多大的信号，（2）探测器可辨认的最微弱信号的程度。每种含义都有两个指标来表示，前者是量子效应 η 和响应度 R，后者是噪声等效功率 NEP 和归一化探测度 D^*。另外，探测器还需要考虑响应波长范围。

红外探测器种类很多，按照探测机理和物理效应可将其分为两大类。第一类是热探测器，其原理是入射到器件上的辐射通量引起的性能参数变化。第二类是利用各种光子效应的光子探测器，其原理是入射到探测器上的红外辐射能量以光子的形式与光电探测器的电子相互作用，释放出自由电子参与导电。

作为辐射能转换器，探测肩负的责任是将系统工作波段范围内接收到的辐射能最高效率地转换为电信号。由此，探测器选择需要考虑以下因素。

（1）光谱响应范围，探测器在系统工作波段内要有较高的光谱响应度。

（2）探测器及等效噪声，用来估算测温系统量程低端的光谱响应度。

（3）探测器有效面积和偏置电压等。

由上述分析可知，在系统设计时，选择与探测波长相匹配的探测器可以有效地提高实验系统测温的精确度。

4.2.3　带宽

宽带光谱强度等于极大值强度的一半的两点间的波长差，它是影响探测器动态测量误差的重要参数之一。根据辐射测温原理可以知道，减少带宽可以有效提高测量的精确度，但是带宽太窄，又会使探测器接收到的辐射能变弱，可能致使探测器检测不到辐射信号。适当增加带宽，可使探测器接收的信号增强，提高信噪比，但若带宽太宽，又容易使探测器接受能量趋于饱和而无法正常工作。所以，实验系统选择合适的带宽很重要。

4.2.4　光学系统

光学系统在红外测温系统中的作用是改善光束的分布，使红外辐射测温系统有更高的光能利用率。高效率地使用红外光学系统，可提高灵敏面上的照度，从而提高红外测温系统的信噪比，进一步增强系统探测能力。红外光学系统常用的有三种结构，即透射式光学系统、反射式光学系统及组合式光学系统（由透射式和反射式光学系统组合而成）。其中，反射式光学系统的原理是使辐射能量束通过系统中的折射介质，反射式光学系统的原理是使辐射能量束受到其中一个或几个反射镜的组合反射，组合式光学系统的原理是上述二者的组合，组合方式不同，光学系统的性能不同。

4.3 实验系统的标定

通过以上分析综合考虑，宽波段比色测温实验系统结构框图如图 4-3 所示，搭建的实物系统平台如图 4-4 所示。

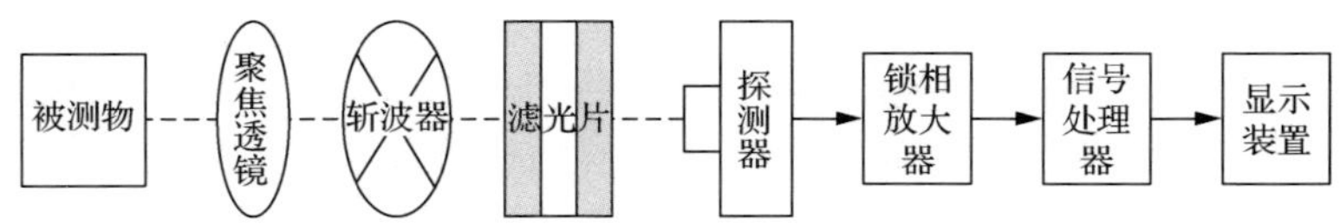

图 4-3　宽波段比色测温实验系统结构框图

图 4-3 所示系统测温原理：面源黑体辐射的光通过平行光管后被红外聚焦透镜聚焦，聚焦光路上放置斩波器与不同透过波长的滤光片，聚焦光斑位置正好落在碲镉汞探测器的表面，探测器输出的响应信号经过放大电路及信号处理电子箱后，将测量结果显示在示波器上。

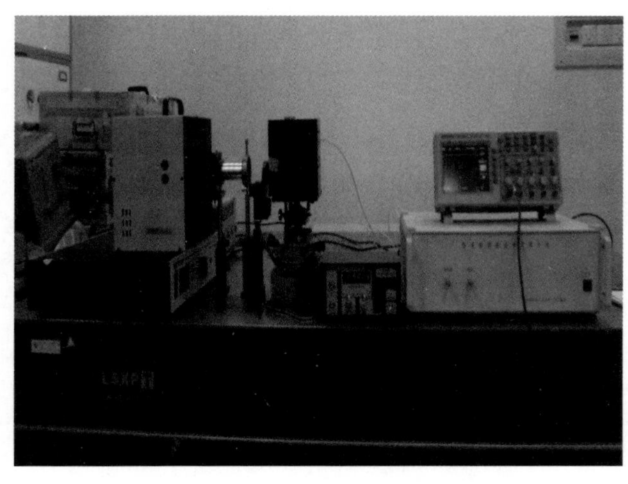

图 4-4　宽波段比色测温实验实物系统平台

图 4-4 中实物系统平台所用到的主要器件属性参数如下所示。

（1）面源黑体。

制造商：美国 SBIR 公司。

口径：100mm。

温度调节范围：50～600℃。

温度控制精度：0.1℃。

（2）聚焦透镜。

制造商：成都光电所。

口径：30mm。

聚焦：65mm。

波长范围：8～15.5μm。

（3）斩波器。

制造商：南京理工大学。

型号：SH-Z52。

实验频率：500Hz。

（4）滤光片。

制造商：美国 Phor 公司。

滤光片选择三组，各组参数如表 4-1 所示。

表 4-1　三组滤光片参数

中心波长/nm	8645	10700	14100
带宽/nm	550	480	480

（5）碲镉汞探测器。

制造商：英国国家物理实验室（NPL）。

使用方式：液氮制冷。

响应波长范围：8～14.5μm。

4.3.1　滤光片透过率的测量及标定

1. 滤光片透过率的测量

根据各种因素，综合考虑发射率影响与所要测量的温度范围，实验选用中心波长为 8645nm、10700nm 和 14100nm 的三种滤光片，用国防科技工业光学一级计量站的红外光谱光度标准装置测量其透过率曲线，所得部分数据记录如表 4-2、表 4-3 和表 4-4 所示，其中数据记录格式为科学记数法。

表 4-2　中心波长为 8645nm 的滤光片透过率测量部分数据

波数/cm^{-1}	透过率/%	波数/cm^{-1}	透过率/%	波数/cm^{-1}	透过率/%	波数/cm^{-1}	透过率/%
1.11E+03	1.02E+00	1.12E+03	6.09E+01	1.15E+03	8.52E+01	1.18E+03	8.78E+01
1.10E+03	1.67E+00	1.12E+03	6.90E+01	1.15E+03	8.59E+01	1.18E+03	8.57E+01
1.10E+03	2.36E+00	1.13E+03	7.53E+01	1.15E+03	8.65E+01	1.18E+03	8.33E+01
1.10E+03	3.33E+00	1.13E+03	7.98E+01	1.16E+03	8.67E+01	1.18E+03	8.02E+01
1.10E+03	4.56E+00	1.13E+03	8.33E+01	1.16E+03	8.67E+01	1.18E+03	7.55E+01
1.11E+03	6.11E+00	1.13E+03	8.52E+01	1.16E+03	8.72E+01	1.19E+03	6.93E+01
1.11E+03	8.16E+00	1.13E+03	8.60E+01	1.16E+03	8.75E+01	1.19E+03	6.21E+01
1.11E+03	1.09E+01	1.14E+03	8.65E+01	1.16E+03	8.77E+01	1.19E+03	5.48E+01
1.11E+03	1.47E+01	1.14E+03	8.69E+01	1.16E+03	8.83E+01	1.19E+03	4.72E+01
1.11E+03	1.97E+01	1.14E+03	8.66E+01	1.17E+03	8.91E+01	1.19E+03	3.99E+01
1.11E+03	2.67E+01	1.14E+03	8.63E+01	1.17E+03	8.94E+01	1.20E+03	3.36E+01
1.12E+03	3.47E+01	1.14E+03	8.65E+01	1.17E+03	8.93E+01	1.20E+03	2.81E+01
1.12E+03	4.32E+01	1.15E+03	8.61E+01	1.17E+03	8.90E+01	1.20E+03	2.29E+01
1.12E+03	5.22E+01	1.15E+03	8.55E+01	1.17E+03	8.87E+01	1.20E+03	1.85E+01
1.20E+03	1.48E+01	1.21E+03	9.18E+01	1.21E+03	5.84E+00	1.21E+03	3.10E+00
1.21E+03	1.16E+01	1.21E+03	7.37E+01	1.21E+03	4.29E+00	1.22E+03	2.56E+00

表 4-3　中心波长为 10700nm 的滤光片透过率测量部分数据

波数/cm^{-1}	透过率/%	波数/cm^{-1}	透过率/%	波数/cm^{-1}	透过率/%	波数/cm^{-1}	透过率/%
8.81E+02	1.11E+00	9.12E+02	5.35E+01	9.43E+02	7.55E+01	9.72E+02	2.04E+01
8.83E+02	1.52E+00	9.14E+02	6.09E+01	9.45E+02	7.60E+01	9.74E+02	1.45E+01
8.85E+02	1.60E+00	9.16E+02	6.64E+01	9.47E+02	7.67E+01	9.76E+02	1.03E+01
8.87E+02	2.34E+00	9.18E+02	6.95E+01	9.49E+02	7.71E+01	9.78E+02	7.13E+00
8.89E+02	3.25E+00	9.20E+02	7.19E+01	9.51E+02	7.66E+01	9.80E+02	5.03E+00
8.91E+02	4.29E+00	9.22E+02	7.33E+01	9.53E+02	7.63E+01	9.82E+02	3.68E+00
8.93E+02	5.88E+00	9.24E+02	7.37E+01	9.55E+02	7.54E+01	9.84E+02	2.59E+00
8.95E+02	7.81E+00	9.26E+02	7.36E+01	9.57E+02	7.29E+01	9.85E+02	1.65E+00
8.97E+02	9.75E+00	9.28E+02	7.32E+01	9.58E+02	6.93E+01	9.87E+02	1.10E+00

续表

波数/cm^{-1}	透过率/%	波数/cm^{-1}	透过率/%	波数/cm^{-1}	透过率/%	波数/cm^{-1}	透过率/%
8.99E+02	1.16E+01	9.30E+02	7.28E+01	9.60E+02	6.47E+01	9.89E+02	6.68E−01
9.01E+02	1.46E+01	9.31E+02	7.26E+01	9.62E+02	5.88E+01	9.91E+02	5.70E−01
9.03E+02	1.87E+01	9.33E+02	7.30E+01	9.64E+02	5.16E+01	9.93E+02	3.39E−01
9.04E+02	2.37E+01	9.35E+02	7.40E+01	9.66E+02	4.36E+01	9.95E+02	1.23E−01
9.06E+02	2.97E+01	9.37E+02	7.47E+01	9.68E+02	3.50E+01	9.97E+02	3.41E−01
9.08E+02	3.69E+01	9.39E+02	7.48E+01	9.70E+02	2.73E+00	9.99E+02	4.22E−01
9.10E+02	4.51E+01	9.41E+02	7.51E+01	9.43E+02	7.55E+00	1.00E+03	9.52E−02

表 4-4　中心波长为 14100nm 的滤光片透过率测量部分数据

波数/cm^{-1}	透过率/%	波数/cm^{-1}	透过率/%	波数/cm^{-1}	透过率/%	波数/cm^{-1}	透过率/%
1.03E+03	−8.44E−02	1.06E+03	7.04E−02	1.09E+03	8.54E−02	1.12E+03	2.74E−01
1.03E+03	−1.73E−01	1.06E+03	−2.63E−01	1.09E+03	−1.21E−01	1.12E+03	−5.33E−02
1.03E+03	−3.02E−01	1.06E+03	4.25E−02	1.09E+03	−2.64E−01	1.12E+03	−2.32E−01
1.03E+03	2.13E−02	1.06E+03	2.23E−01	1.10E+03	−2.05E−01	1.13E+03	1.45E−01
1.04E+03	2.00E−01	1.07E+03	−7.25E−02	1.10E+03	−1.49E−01	1.13E+03	2.99E−01
1.04E+03	1.62E−01	1.07E+03	5.81E−02	1.10E+03	−5.88E−03	1.13E+03	1.21E−01
1.04E+03	8.08E−02	1.07E+03	3.03E−01	1.10E+03	−1.68E−03	1.13E+03	1.50E−01
1.04E+03	−1.82E−01	1.07E+03	1.92E−01	1.10E+03	−9.01E−02	1.13E+03	5.58E−02
1.04E+03	1.18E−01	1.07E+03	1.07E−01	1.11E+03	1.45E−01	1.14E+03	1.40E−01
1.05E+03	4.78E−01	1.08E+03	6.44E−01	1.11E+03	2.66E−01	1.14E+03	2.43E−01
1.05E+03	4.45E−01	1.08E+03	−1.04E−01	1.11E+03	2.43E−01	1.14E+03	3.30E−02
1.05E+03	1.70E−01	1.08E+03	1.38E−01	1.11E+03	2.37E−01	1.14E+03	−1.84E−01
1.05E+03	−1.41E−01	1.08E+03	4.04E−01	1.11E+03	2.60E−01	1.14E+03	−2.14E−01
1.05E+03	−1.54E−01	1.08E+03	2.48E−01	1.11E+03	2.69E−01	1.15E+03	−1.43E−01
1.05E+03	−2.74E−02	1.09E+03	−1.03E−01	1.12E+03	9.43E−02	1.15E+03	6.74E−02
1.06E+03	1.70E−02	1.09E+03	2.87E−02	1.12E+03	1.70E−01	1.15E+03	1.09E−02

2. 滤光片透过率的标定

上述三组数据在数学上符合高斯分布规律，对其进行高斯拟合，各个滤光片透过率点阵和拟合曲线如图 4-5～图 4-7 所示。

（1）中心波长为 8645nm 滤光片透过率标定拟合曲线如图 4-5 所示。

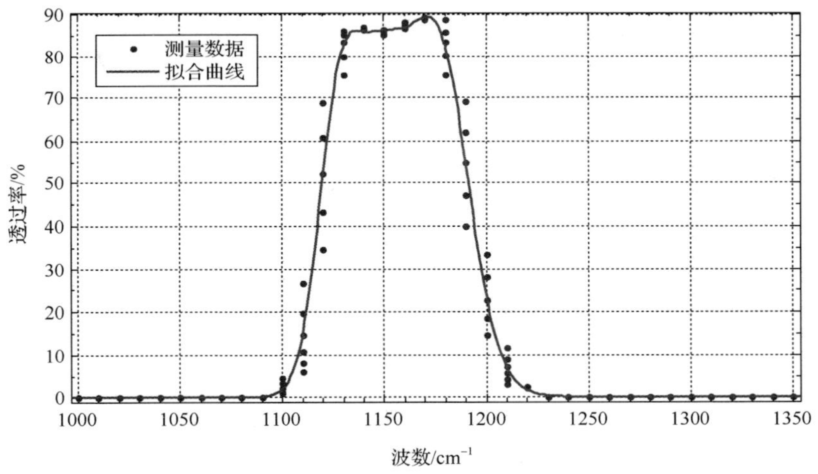

图 4-5 中心波长为 8645nm 滤光片透过率标定拟合曲线

参数拟合结果如下。

```
    General model Gauss4:
         f(x)=
                  a1*exp(-((x-b1)/c1)^2)+ a2*exp(-((x-b2)/
c2)^2)+
                  a3*exp(-((x-b3)/c3)^2)+ a4*exp(-((x-b4)/
c4)^2)
    Coefficients (with 95% confidence bounds):
           a1 =       69.8  (-206.1, 345.7)
           b1 =       1178  (1139, 1218)
```

```
        c1 =       19.66  (-3.078, 42.4)
        a2 =       4.276  (-167.7, 176.2)
        b2 =        1169  (403.1, 1936)
        c2 =          41  (-439.3, 521.3)
        a3 =       72.61  (-252.5, 397.7)
        b3 =        1148  (1113, 1183)
        c3 =        22.5  (-117, 162)
        a4 =       43.62  (-388.9, 476.1)
        b4 =        1127  (1111, 1142)
        c4 =       13.77  (-18.26, 45.8)
Goodness of fit:
  SSE: 2066
  R-square: 0.9836
  Adjusted R-square: 0.9811
  RMSE: 5.248
```

（2）中心波长为 10700nm 滤光片透过率标定拟合曲线如图 4-6 所示。

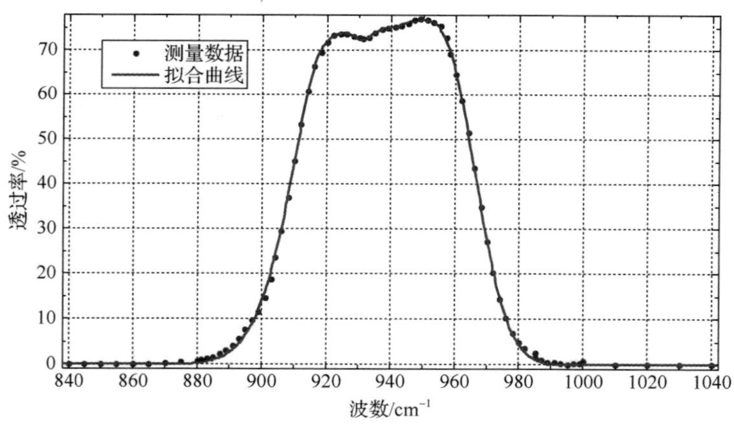

图 4-6　中心波长为 10700nm 滤光片透过率标定拟合曲线

参数拟合结果如下。

```
     General model Gauss6:
         f(x)=
                a1*exp(-((x-b1)/c1)^2)+ a2*exp(-((x-b2)/
c2)^2)+
                a3*exp(-((x-b3)/c3)^2)+ a4*exp(-((x-b4)/
c4)^2)+
                a5*exp(-((x-b5)/c5)^2)+ a6*exp(-((x-b6)/
c6)^2)
     Coefficients (with 95% confidence bounds):
          a1 =       2.545  (-42.38, 47.47)
          b1 =       945.1  (935.3, 954.8)
          c1 =       4.842  (-16.65, 26.33)
          a2 =      -36.16  (-410, 337.7)
          b2 =       937.6  (861.4, 1014)
          c2 =       11.78  (-58.49, 82.05)
          a3 =      -578.9  (-1.912e+006, 1.911e+006)
          b3 =       926.7  (900.1, 953.3)
          c3 =       7.065  (-194.6, 208.7)
          a4 =       47.88  (-63.24, 159)
          b4 =       958.6  (948.2, 968.9)
          c4 =        13.6  (8.832, 18.36)
          a5 =       548.2  (-1.911e+006, 1.912e+006)
          b5 =       926.7  (905.5, 947.9)
          c5 =       6.947  (-192.5, 206.3)
          a6 =       124.9  (-117.8, 367.6)
          b6 =       931.1  (904.6, 957.6)
          c6 =          21  (12.41, 29.6)

     Goodness of fit:
       SSE: 24.96
       R-square: 0.9997
       Adjusted R-square: 0.9996
       RMSE: 0.6504
```

（3）中心波长为 14100nm 滤光片透过率标定拟合曲线如图 4-7 所示。

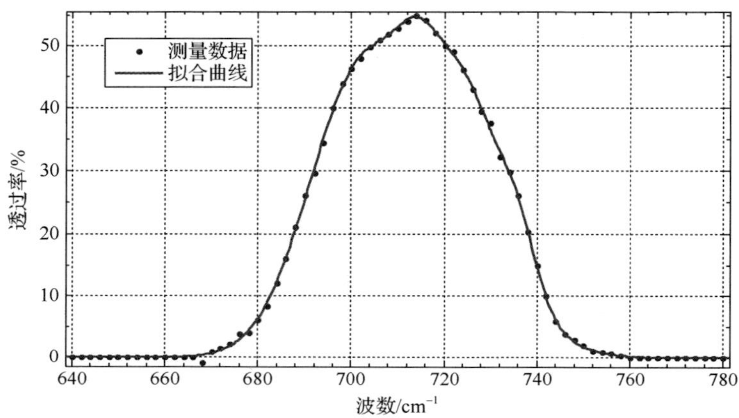

图 4-7　中心波长为 14100nm 滤光片透过率标定拟合曲线

参数拟合结果如下。

```
      General model Gauss5:
           f(x)=
                  a1*exp(-((x-b1)/c1)^2)+ a2*exp(-((x-b2)/
c2)^2)+
                  a3*exp(-((x-b3)/c3)^2)+ a4*exp(-((x-b4)/
c4)^2)+
                  a5*exp(-((x-b5)/c5)^2)
      Coefficients (with 95% confidence bounds):
             a1 =      6.888  (-17.73, 31.5)
             b1 =        714  (711, 717)
             c1 =      5.987  (0.6027, 11.37)
             a2 =      25.85  (-38.46, 90.17)
             b2 =      717.5  (662.3, 772.8)
             c2 =      19.76  (-5.127, 44.66)
             a3 =      19.45  (-28.44, 67.35)
             b3 =        725  (721.5, 728.4)
```

```
        c3 =      10.86  (-12.45, 34.17)
        a4 =      34.58  (-68.93, 138.1)
        b4 =      700.5  (689.1, 711.8)
        c4 =      15.27  (8.936, 21.61)
        a5 =       7.82  (-13.47, 29.11)
        b5 =      736.1  (734.1, 738.1)
        c5 =      5.681  (1.376, 9.986)
Goodness of fit:
  SSE: 10.24
  R-square: 0.9997
  Adjusted R-square: 0.9996
  RMSE: 0.4276
```

4.3.2　探测器相对光谱响应率的测量与标定

考虑到所测温度范围与所选用的滤光片，我们选用液氮制冷的碲镉汞探测器。该探测器的相对光谱响应率测量数据来源于 NPL，其所给数据如表 4-5 所示。根据测量数据将其进行分段标定，得到拟合结果。探测器相对光谱响应率标定曲线如图 4-8 所示。

表 4-5　碲镉汞探测器的相对光谱响应率测量数据

波长/μm	相对响应率	波长/μm	相对响应率	波长/μm	相对响应率	波长/μm	相对响应率
2	0.155	5.5	0.21	9	0.54	12.5	0.92
2.25	0.12	5.75	0.226	9.25	0.565	12.75	1
2.5	0.095	6	0.24	9.5	0.592	13	0.94
2.75	0.115	6.25	0.225	9.75	0.62	13.25	0.8
3	0.15	6.5	0.29	10	0.645	13.5	0.645
3.25	0.178	6.75	0.32	10.25	0.665	13.75	0.535
3.5	0.17	7	0.345	10.5	0.7	14	0.48

续表

波长/μm	相对响应率	波长/μm	相对响应率	波长/μm	相对响应率	波长/μm	相对响应率
3.75	0.165	7.25	0.347	10.75	0.746	14.25	0.465
4	0.175	7.5	0.39	11	0.82	14.5	0.41
4.25	0.17	7.75	0.43	11.25	0.845	14.75	0.28
4.5	0.165	8	0.45	11.5	0.84	15	0.15
4.75	0.175	8.25	0.474	11.75	0.81	15.25	0.037
5	0.176	8.5	0.49	12	0.763	15.5	0.005
5.25	0.185	8.75	0.52	12.25	0.833		

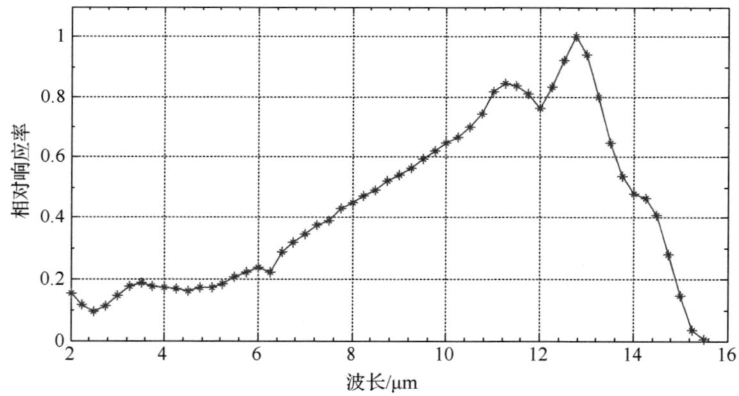

图 4-8　探测器相对光谱响应率标定曲线

4.3.3　滤光片与探测器的匹配相对响应率的测量与标定

1. 滤光片与探测器的匹配相对响应率的测量

前面分析过，要想让一个测温系统获得较好的精确度，需要使系统具有匹配性才能基本保证好的测量精确度。下面分析本实验系统中三组滤光片与探测器的匹配性。

（1）中心波长 8645nm 滤光片的匹配测量。

探测器与中心波长 8645nm 滤光片的透过率曲线相对应，采用波长从 7.75μm 到 9.5μm 的红外光进行匹配曲线测量，其测量的数据如表 4-6 所示。

表 4-6　中心波长 8645nm 滤光片与探测器匹配测量的数据

波长/μm	7.75	8	8.25	8.5	8.75	9	9.25	9.5
相对响应率	0.43	0.45	0.474	0.49	0.52	0.54	0.565	0.592

（2）中心波长 10700nm 滤光片的匹配测量。

探测器与中心波长 10700nm 滤光片的透过率曲线相对应，采用波长从 10μm 到 11.5μm 的红外光进行匹配曲线测量，其测量的数据如表 4-7 所示。

表 4-7　中心波长 10700nm 滤光片与探测器匹配测量的数据

波长/μm	10	10.25	10.5	10.75	11	11.25	11.5
相对响应率	0.645	0.665	0.7	0.745	0.82	0.845	0.84

（3）中心波长 14100nm 滤光片的匹配测量。

探测器与中心波长 14100nm 滤光片的透过率曲线相对应，采用波长从 13μm 到 15μm 的红外光进行匹配曲线测量，其测量的数据如表 4-8 所示。

表 4-8　中心波长 14100nm 滤光片与探测器匹配测量的数据

波长/μm	13	13.25	13.5	13.75	14	14.25	14.5	14.75	15
相对响应率	0.94	0.8	0.645	0.535	0.48	0.465	0.41	0.28	0.15

2. 滤光片与探测器的匹配相对响应率的标定

将上述三组数据分别进行数据拟合，可得各组滤光片与探测器匹配拟合标定结果如下。

（1）探测器与中心波长为 8645nm 滤光片匹配标定拟合曲线如图 4-9 所示。

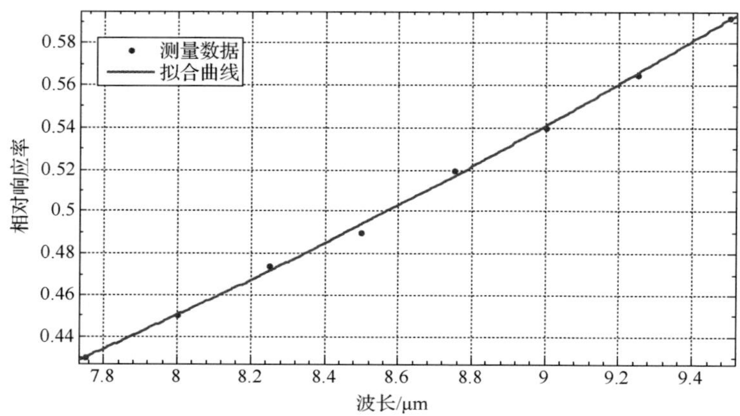

图 4-9 探测器与中心波长为 8645nm 滤光片匹配标定拟合曲线

参数拟合结果如下。

```
Linear model Poly2:
       f(x)=p1*x^2+p2*x+ p3
Coefficients (with 95%confidence bounds):
       P1=0.007333 (-0.000623,0.01529)
       P2=-0.03426 (-0.1716,1.013)
       P3=0.2552 (-0.3351,0.8455)
Goodness of fit:
   SSE:3.143e-005
   R-square:0.9986
   Adjusted R-square:0.998
   RMSE:0.002507
```

（2）探测器与中心波长为 10700nm 滤光片匹配标定拟合曲线如图 4-10 所示。

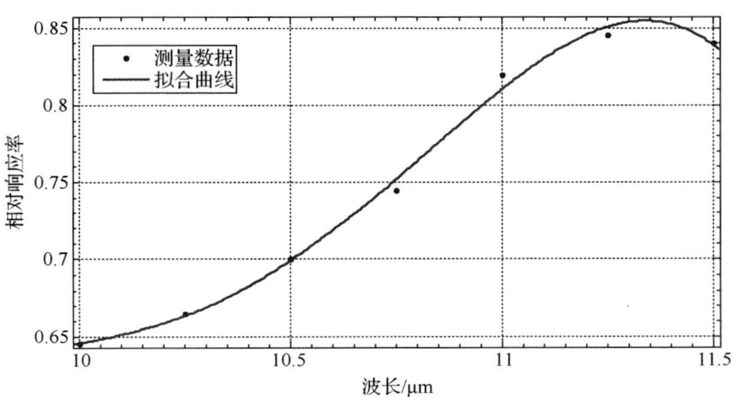

图 4-10　探测器与中心波长为 10700nm 滤光片匹配标定拟合曲线

参数拟合结果如下。

```
Linear model Poly4:
    f(x)= p1*x^4 + p2*x^3 + p3*x^2 + p4*x + p5
Coefficients (with 95% confidence bounds):
      p1 =     -0.1212  (-0.6141, 0.3717)
      p2 =       5.025  (-16.17, 26.22)
      p3 =      -77.97  (-419.5, 263.6)
      p4 =       536.8  (-1907, 2981)
      p5 =       -1383  (-7935, 5170)
Goodness of fit:
  SSE: 0.0001813
  R-square: 0.9958
  Adjusted R-square: 0.9873
  RMSE: 0.00952
```

（3）探测器与中心波长为 14100nm 滤光片匹配标定拟合曲线如图 4-11 所示。

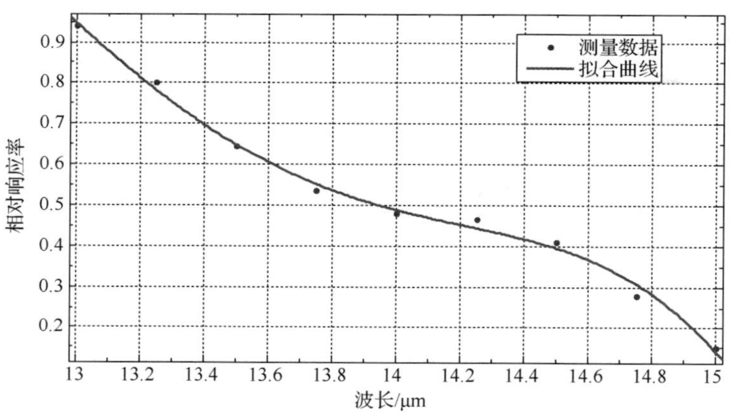

图 4-11　探测器与中心波长为 14100nm 滤光片匹配标定拟合曲线

参数拟合结果如下。

```
Linear model Poly4:
    f(x)= p1*x^4 + p2*x^3 + p3*x^2 + p4*x + p5
Coefficients (with 95% confidence bounds):
      p1 =     -0.1033  (-0.3253, 0.1187)
      p2 =       5.584  (-6.848, 18.02)
      p3 =      -112.9  (-373.8, 148)
      p4 =        1011  (-1420, 3442)
      p5 =       -3382  (-1.187e+004, 5107)
Goodness of fit:
  SSE: 0.002296
  R-square: 0.9952
  Adjusted R-square: 0.9905
  RMSE: 0.02396
```

4.3.4　测温实验系统中聚焦透镜透过率的标定

采用国防科技工业光学一级计量站的光谱光标计对本实验系统中的聚焦透镜在三组滤光片透过波段内的透过率进行了标定，结果如表 4-9 所示。

表 4-9　聚焦透镜在三组滤光片透过波段内的透过率

滤光片（中心波长/nm）	8645	10700	14100
聚焦透镜透过率	0.96	0.98	0.69

4.4　本 章 小 结

本章在比色测温原理的基础上建立了宽波段比色测温模型，经过相关因素的综合考虑搭建了宽波段比色测温实验平台。在实验测量之前，我们需要充分了解实验器件的性能和参数，并用国防科技工业光学一级计量站的标准装置进行必要的系统标定。通过采用数值方程拟合的方法，将标定结果拟合为相应的函数方程，这为后续实验数据的测量提供了保证。

第 5 章

宽波段比色测温系统实验研究

在宽波段比色测温技术研究的基础上，我们充分考虑了各种因素对测温结果的影响，搭建了宽波段比色测温实验平台。通过面源黑体校准实验我们进行了实验系统的标定，利用该系统进行水、燃烧的蜡烛、可控温电热炉等实物的温度测量，以验证宽波段比色测温系统的实用性和准确性。

5.1　面源黑体校准实验

针对搭建好的宽波段比色测温实验平台，首先对这个实验系统进行校准，以确保其理论的正确性和实验的可行性。选择美国 SBIR 公司生产的可调温范围为 50～600℃的面源黑体对宽波段比色测温实验系统进行校准和验证。测量的温度范围为 50～400℃，每隔 10℃测量一次。第 3 章已经给出了实验系统的标定函数，根据宽波段比色测温技术及原理，将标定函数代入温度计算公式中。选定中心波长为 8645nm 的滤光片，温度参考部分计算程序如下。

```
    %普朗克公式部分编程%
cear all
clc
c1=3.741382*10^(-12);              %单位 W*CM^2
c2=1.438786;                       %单位 CM*K
jisuanjieguo=zeros(1,36);
T=zeros(1,36);
For i=1:36
   T(i)=273.5+40+10*i;             %摄氏度转化为开氏温度
Lamda=(8.219:.0001:9.0522);        %波长单位μm
```

```
    M=c1./lamda.^5./(exp(10000*c2./(lamda.*T(i)))-1)*10^16;
    %plot(lamda,M)
    %grid minor
        %滤光片部分编程%
    x=10000./lamda;
    a11=69.8;
    b11=1178;
    c11=19.66;
    a21=4.276;
    b21=1169;
    c21=41;
    a31=72.61;
    b31=1148;
    c31=22.5;
    a41=43.62;
    b41=1127;
    c41=13.77;
    f8645=a11.*exp(-((x-b11)./c11).^2)+a21.*exp(-((x-b2
1)./c21).^2)+a31.*exp(-((x-b31)./c31).^2)+a41.*exp(-((x-b4
1)./c41).^2);                    %滤光片拟合函数
        %探测器匹配部分编程%
    P1=0.007333;
    P2=-0.03426;
    P3=0.2552;
    Tanceqiguangpuxiangyinglv=p1.*lamda.^2+p2*lamda+p3;
        %光学系统聚焦透镜透过率编程%
    Tao=.98;                                   %聚焦透镜透过率
    %__________________________________________________________
    %mlength=length(M)
    %flength=length(f8645)
    %tanceqilength=length(tanceqiguangpuxiangyinglv)
    Touguohanshu=tao.*tanceqiguangpuxiangyinglv.*f8645.*M;
    Jisuanjieguo(i)=trapz(lamda,touguohanshu);
    End
    jisuanjieguo
    plot(T,jisuanjieguo,'-*')
```

```
grid minor
%________end_______________________________________________
```

参照以上数据计算程序，分别计算得到中心波长为 8645nm、10700nm 和 14100nm 三组滤光片的理论辐射电压值及不同滤光片理论辐射比值，结果如表 5-1 所示。

表 5-1　宽波段比色测温系统理论计算结果及对应比值

温度/℃	理论辐射电压值/V			8645nm 和 10700nm 比值	10700nm 和 14100nm 比值	8645nm 和 14100nm 比值
	8645nm	10700nm	14100nm			
50	0.1129	0.1471	0.0530	0.7675	2.7755	2.1302
60	0.1319	0.1670	0.0586	0.7898	2.8498	2.2509
70	0.1527	0.1883	0.0643	0.8109	2.9285	2.3748
80	0.1753	0.2109	0.0703	0.8312	3.0000	2.4936
90	0.1998	0.2347	0.0765	0.8513	3.0680	2.6118
100	0.2262	0.2599	0.0829	0.8703	3.1351	2.7286
110	0.2545	0.2863	0.0895	0.8889	3.1989	2.8436
120	0.2846	0.3140	0.0963	0.9063	3.2606	2.9553
130	0.3166	0.3428	0.1033	0.9236	3.3185	3.0649
140	0.3504	0.3728	0.1104	0.9399	3.3768	3.1739
150	0.3860	0.4039	0.1177	0.9557	3.4316	3.2795
160	0.4235	0.4361	0.1252	0.9711	3.4832	3.3826
170	0.4627	0.4693	0.1328	0.9860	3.5339	3.4842
180	0.5037	0.5036	0.1405	1.0002	3.5843	3.5851
190	0.5464	0.5388	0.1484	1.0141	3.6307	3.6819
200	0.5908	0.5751	0.1564	1.0273	3.6771	3.7775
210	0.6368	0.6122	0.1645	1.0402	3.7216	3.8711
220	0.6845	0.6503	0.1728	1.0526	3.7633	3.9612
230	0.7337	0.6892	0.1811	1.0646	3.8056	4.0514

续表

温度/℃	理论辐射电压值/V			8645nm 和 10700nm 比值	10700nm 和 14100nm 比值	8645nm 和 14100nm 比值
	8645nm	10700nm	14100nm			
240	0.7845	0.7289	0.1896	1.0763	3.8444	4.1377
250	0.8368	0.7695	0.1982	1.0875	3.8824	4.2220
260	0.8906	0.8108	0.2069	1.0984	3.9188	4.3045
270	0.9458	0.8529	0.2156	1.1089	3.9559	4.3868
280	1.0024	0.8958	0.2245	1.1190	3.9902	4.4650
290	1.0604	0.9393	0.2334	1.1289	4.0244	4.5433
300	1.1198	0.9835	0.2424	1.1386	4.0573	4.6196
310	1.1804	1.0284	0.2516	1.1478	4.0874	4.6916
320	1.2423	1.0739	0.2607	1.1568	4.1193	4.7652
330	1.3054	1.1202	0.2700	1.1653	4.1489	4.8348
340	1.3697	1.1667	0.2793	1.1740	4.1772	4.9040
350	1.4352	1.2140	0.2889	1.1822	4.2021	4.9678
360	1.5018	1.2678	0.2982	1.1846	4.2515	5.0362
370	1.5695	1.3102	0.3078	1.1980	4.2567	5.0991
380	1.6382	1.3591	0.3171	1.2054	4.2860	5.1662
390	1.7081	1.4085	0.3269	1.2127	4.3087	5.2251
400	1.7789	1.4584	0.3366	1.2198	4.3327	5.2849

5.2 宽波段比色测温系统实验

通常面源黑体与探测器相距 75cm，平行光管与探测器相距 55cm，聚焦透镜与探测器相距 6.5cm。用本实验搭建出的宽波段比色测温实验系统对 50～400℃范围内的辐射源进行温度测量，用示波器读出辐射电压值。所得实验结果如表 5-2 所示。

表 5-2　宽波段比色测温系统的实验结果及对应比值

温度/°C	实际测量电压值/mV			8645nm 和 10700nm 比值	10700nm 和 14100nm 比值	8645nm 和 14100nm 比值
	8645nm	10700nm	14100nm			
50	38	49	22	0.7755	2.2273	1.7273
60	44	55	24	0.8000	2.2917	1.8333
70	54	66	26	0.8182	2.5385	2.0769
80	64	75	28	0.8533	2.6786	2.2857
90	78	90	32	0.8667	2.8125	2.4375
100	92	100	34	0.9200	2.9412	2.7059
110	106	117	38	0.9060	3.0789	2.7895
120	124	136	41	0.9118	3.3171	3.0244
130	144	148	45	0.9730	3.2889	3.2000
140	164	166	50	0.9880	3.3200	3.2800
150	184	189	56	0.9735	3.3750	3.2857
160	200	206	60	0.9709	3.4333	3.3333
170	224	225	68	0.9956	3.3088	3.2941
180	256	252	76	1.0159	3.3158	3.3684
190	276	265	81	1.0415	3.2716	3.4074
200	304	293	86	1.0375	3.407	3.5349
210	330	309	91	1.0680	3.3956	3.6264
220	360	332	95	1.0843	3.4947	3.7895
230	400	374	101	1.0695	3.7030	3.9604
240	432	401	110	1.0773	3.6455	3.9273
250	452	412	113	1.0971	3.6460	4.0000

续表

温度/°C	实际测量电压值/mV			8645nm 和 10700nm 比值	10700nm 和 14100nm 比值	8645nm 和 14100nm 比值
	8645nm	10700nm	14100nm			
260	476	429	117	1.1096	3.6667	4.0684
270	512	455	126	1.1253	3.6111	4.0635
280	544	477	131	1.1405	3.6412	4.1527
290	580	515	139	1.1262	3.7050	4.1727
300	612	534	147	1.1461	3.6327	4.1633
310	652	550	157	1.1855	3.5032	4.1529
320	700	608	168	1.1513	3.6190	4.1667
330	752	622	178	1.2090	3.4944	4.2247
340	808	669	190	1.2078	3.5211	4.2526
350	860	716	199	1.2011	3.5980	4.3216
360	948	785	205	1.2076	3.8293	4.6244
370	1028	855	212	1.2023	4.0330	4.8491
380	1098	898	225	1.2227	3.9911	4.8800
390	1163	925	235	1.2573	3.9362	4.9489
400	1210	975	238	1.2410	4.0966	5.0840

5.3 理论数据与实验数据的比较

将上述计算结果与实验结果分别做可视化图表进行观察，可视化图表直观易懂、方便分析。做图结果如图 5-1、图 5-2、图 5-3 所示。

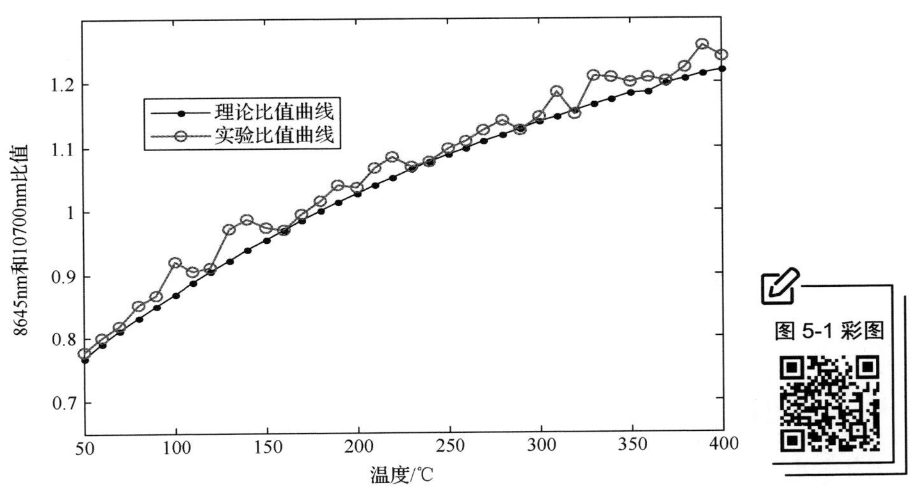

图 5-1 彩图

图 5-1　中心波长 8645nm 和 10700nm 对应理论比值和实验比值比较

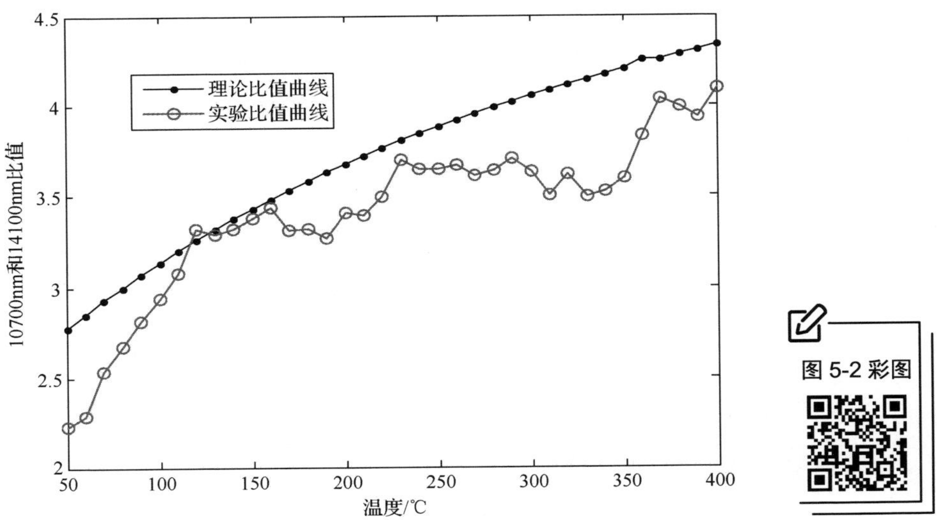

图 5-2 彩图

图 5-2　中心波长 10700nm 和 14100nm 对应理论比值和实验比值比较

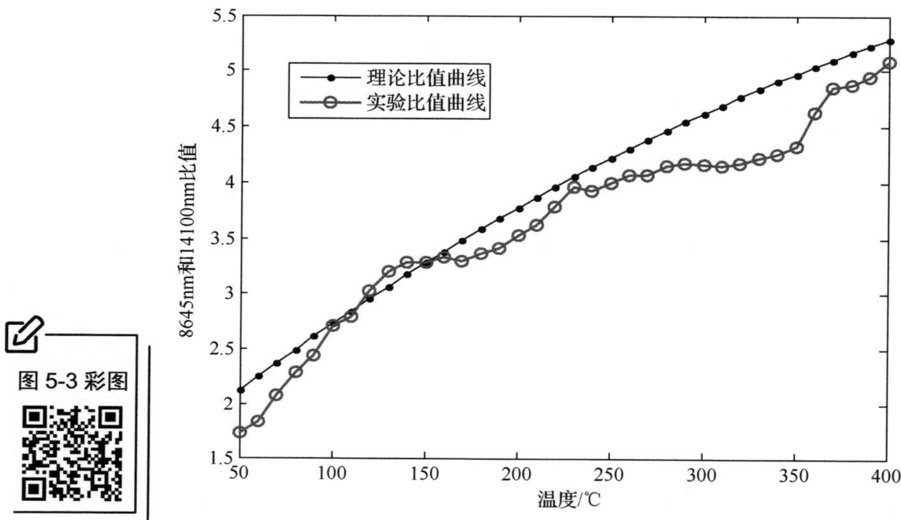

图 5-3 中心波长 8645nm 和 14100nm 对应理论比值和实验比值比较

对实验系统进行理论计算，用实验平台测量出结果，由图 5-1～图 5-3 我们可以看出，本实验搭建的宽波段比色测温实验系统是正确且可行的。另外，中心波长为 8645nm 的滤光片与中心波长为 10700nm 的滤光片比值在理论和实验曲线趋向上比较一致，而其他两种实验比值的曲线趋向存在较大的偏差，此情况说明以中心波长为 8645nm 的滤光片与中心波长为 10700nm 的滤光片测量温度时系统的稳定性较其他组合要好很多，进而使整个实验系统的实验误差大大减少，测温精确度得到一定程度的保障。

5.4　校准实验结果

通过以上几节内容，我们验证了宽波段比色测温实验系统的正确性和可行性，对上面校准测试数据求实验温度，结果如表 5-3 所示。

表 5-3　面源黑体的实验温度

单位：℃

标准温度	①8645nm 与 10700nm 的实验温度	②10700nm 与 14100nm 的实验温度	③8645nm 与 14100nm 的实验温度	①与真温的温度差	②与真温的温度差	③与真温的温度差
50	47.4750	60.8945	45.5791	−2.5250	10.8945	−4.4209
60	56.0173	68.6620	63.8388	−3.9827	8.6620	3.8388
70	70.5831	76.1835	70.6896	0.5831	6.1835	0.6896
80	85.4213	75.0006	74.0369	5.4213	−4.9994	−5.9631
90	92.4753	85.4001	96.6386	2.4753	−4.5999	6.6386
100	95.9687	94.9481	93.0121	−4.0313	−5.0519	−6.9879
110	106.5319	117.3161	106.8813	−3.4681	7.3161	−3.1187
120	124.0184	129.6420	115.7475	4.0184	9.6420	−4.2525
130	136.7327	137.0275	131.6174	6.7327	7.0275	1.6174
140	141.1302	138.0875	132.8300	1.1302	−1.9125	−7.1700
150	145.0974	156.7852	149.1063	−4.9026	6.7852	−0.8937
160	165.7682	155.6587	153.0969	5.7682	−4.3413	−6.9031
170	168.0714	167.9378	163.2457	−1.9286	−2.0622	−6.7543
180	177.4396	184.4093	186.6886	−2.5604	4.4093	6.6886

续表

标准温度	①8645nm 与 10700nm 的实验温度	②10700nm 与 14100nm 的实验温度	③8645nm 与 14100nm 的实验温度	①与真温的温度差	②与真温的温度差	③与真温的温度差
190	194.1293	189.0146	186.8314	4.1293	−0.9854	−3.1686
200	195.1550	207.1560	203.0707	−4.8450	7.1560	3.0707
210	205.0437	218.3658	220.2885	−4.9563	8.3658	10.2885
220	223.0187	224.0818	219.6497	3.0187	4.0818	−0.3503
230	232.0520	236.9529	234.8950	2.0520	6.9529	4.8950
240	240.8917	238.6924	246.1620	0.8917	−1.3076	6.1620
250	253.9456	254.7980	249.6528	3.9456	4.7980	−0.3472
260	263.6088	269.0358	264.1100	3.6088	9.0358	4.1100
270	274.7207	278.2255	263.1951	4.7207	8.2255	−6.8049
280	277.3298	274.5322	289.6753	−2.6702	−5.4678	9.6753
290	293.3880	292.0845	284.7492	3.3880	2.0845	−5.2508
300	301.3501	298.8810	296.3236	1.3501	−1.1190	−3.6764
310	308.9517	314.0901	316.9566	−1.0483	4.0901	6.9566
320	317.9329	322.4206	320.7521	−2.0671	2.4206	0.7521
330	334.8727	335.7681	336.3792	4.8727	5.7681	6.3792
340	338.0638	340.0609	338.9201	−1.9362	0.0609	−1.0799
350	352.1180	346.8519	346.4588	2.118	−3.1481	−3.5412
360	364.0181	358.0036	351.7447	4.0181	−1.9964	−8.2553
370	369.0123	376.5019	374.4659	−0.9877	6.5019	4.4659
380	374.9183	376.2149	379.5913	−5.0817	−3.7851	−0.4087
390	391.2431	392.7376	390.0348	1.2431	2.7376	0.0348
400	400.2784	405.7272	403.1971	0.2784	5.7272	3.1971

注：表中①表示中心波长 8645nm 与中心波长 10700nm 的比值，②表示中心波长 10700nm 与中心波长 14100nm 的比值，③表示中心波长 8645nm 与中心波长 14100nm 的比值。

将表 5-3 中各种结果可视化，结果如图 5-4、图 5-5 和图 5-6 所示。可以根据可视化的图像进行数据结果分析。

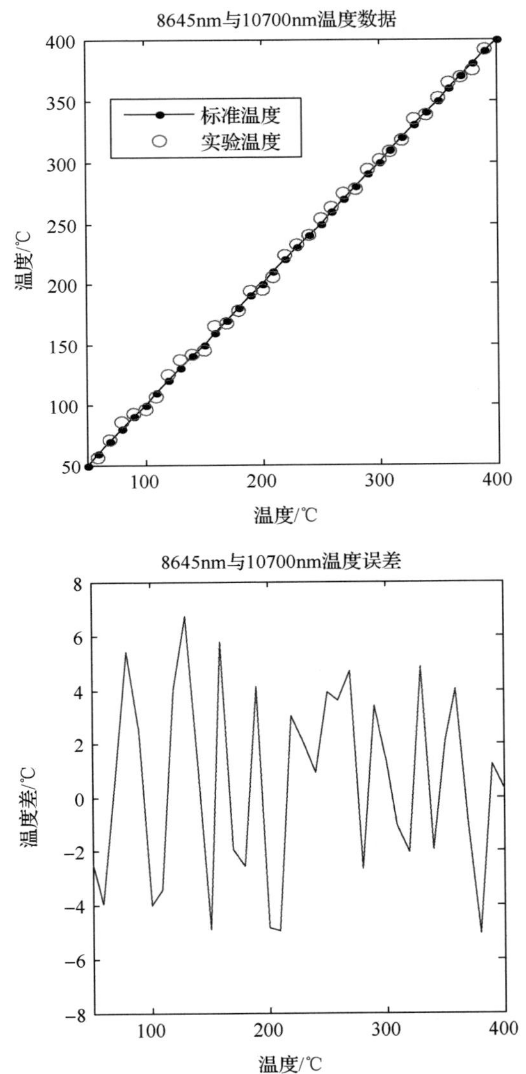

图 5-4　中心波长 8645nm 滤光片与 10700nm 滤光片的对比

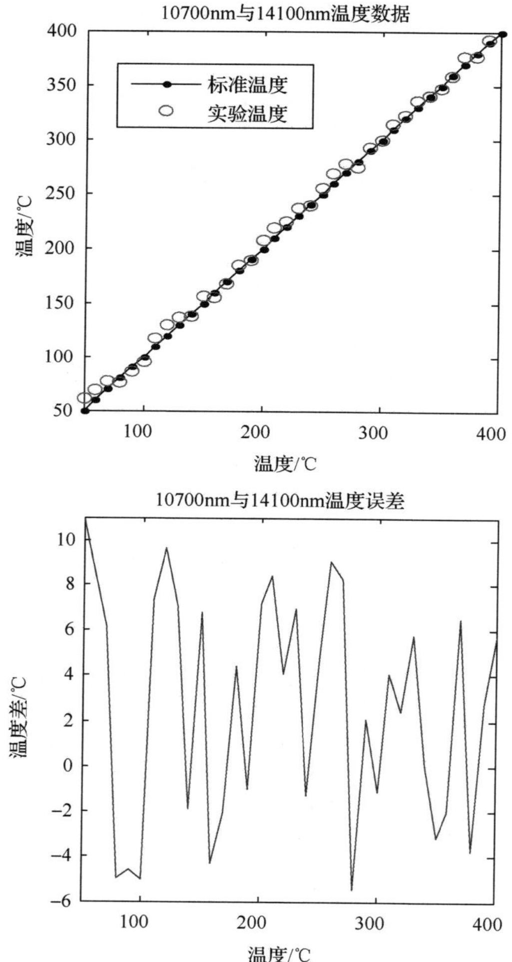

图 5-5　中心波长 10700nm 滤光片与 14100nm 滤光片的对比

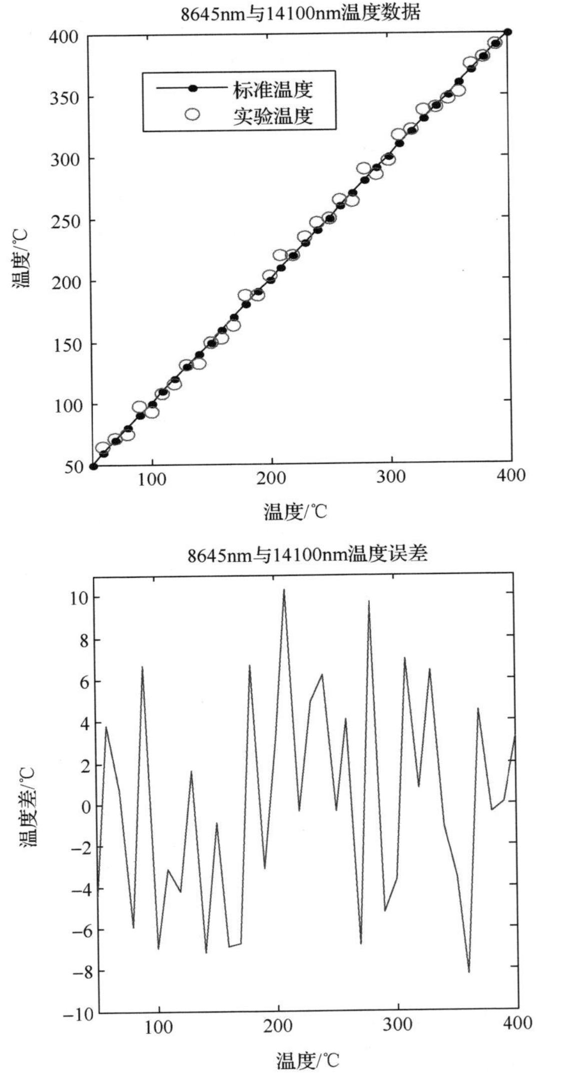

图 5-6　中心波长 8645nm 滤光片与 14100nm 滤光片的对比

5.5 校准结果分析

经过以上实验校准结果分析，该实验系统选用的滤光片为中心波长为8645nm的滤光片与中心波长为10700nm的滤光片，这两组滤光片在提高测试结果的精确度方面有明显优势，也就是说，这两组滤光片组成的实验系统性能较好。造成这种情况的原因主要有以下几点。

（1）中心波长为8645nm的滤光片与中心波长为10700nm的滤光片，面源黑体在两者透过率波段内的光谱发射率较为接近，比值近似为1。

（2）由于实验条件限制，实验系统中光电信号处理电路精度不高，使得辐射电压的读值不准，较小的辐射电压变化会造成较大的辐射能量比值变化。

（3）实验选择的碲镉汞探测器最大的响应波长为15μm，而中心波长为14100nm的滤光片透过率波长正好位于探测器响应的边缘，因而，测量时探测器不能很好地响应该波段的光波，接收信号有损。容易造成图5-2和图5-3中所示的趋向偏差。

在实验测试中，数值平均是很重要的概念，对于实验搭建的宽波段比色测温实验平台，根据以上推断出的具有较好性能的实验系统进行多次实验，对其数值的平均值进行观察和分析，结果如表 5-4 所示。

表 5-4　面源黑体多次校准实验数据

单位：℃

标准温度	实验温度1	实验温度2	实验温度3	实验温度4	实验温度5	平均实验温度	平均温度差
50	49.7668	47.4737	56.2476	45.9791	51.4777	50.18898	0.1890
60	60.7725	53.6953	64.7834	63.8388	61.6647	60.95094	0.9509
70	71.6735	70.5814	73.7495	70.6896	72.3353	71.80586	1.8059
80	77.0932	84.4214	72.8213	74.0369	83.2410	78.32276	−1.6772
90	90.7569	92.4660	83.1662	96.6386	90.1261	90.63076	0.6308
100	93.5923	94.3484	93.4164	93.0121	104.2110	95.71604	−4.2840
110	108.6226	104.2129	114.7736	106.8813	112.7952	109.4571	−0.5429
120	122.9481	124.6586	127.0881	115.7475	124.2705	122.9426	2.9426
130	133.7113	136.5770	132.9394	131.6174	131.7394	133.3169	3.3169
140	135.9833	141.0066	134.1133	132.8300	142.2301	137.2327	−2.7673
150	149.1024	144.6373	453.5636	149.1063	150.2712	149.3362	−0.6638
160	157.4166	165.3871	153.7657	153.0969	160.8855	158.1104	−1.8896
170	165.0657	168.0715	163.8799	163.2457	173.3140	166.7154	−3.2846
180	182.1166	177.4096	182.2515	186.6886	181.6541	182.0241	2.02408
190	189.4290	194.1947	187.261	186.8314	194.4924	190.4417	0.4417
200	199.5622	193.1550	202.4610	203.0707	200.5908	199.7679	−0.2321
210	212.6671	203.7267	213.9861	220.2885	214.9421	213.1221	3.1221

续表

标准温度	实验温度1	实验温度2	实验温度3	实验温度4	实验温度5	平均实验温度	平均温度差
220	221.3331	223.0187	221.3310	219.6497	222.6999	221.6065	1.6065
230	233.5958	232.0520	233.8405	234.8405	233.5346	233.5727	3.5727
240	240.9369	240.8915	235.7572	246.1620	244.9975	241.749	1.7490
250	252.4526	253.9456	253.7593	249.6528	251.4392	252.2499	2.2499
260	265.0828	263.6088	267.5296	264.1100	262.0726	264.4808	4.4808
270	271.2622	274.7207	275.8709	263.1951	272.3242	271.4746	1.4746
280	280.1249	277.3197	273.3798	289.6752	283.9198	280.8839	0.8839
290	288.6667	293.3880	287.8630	284.7492	294.0910	291.0022	1.0022
300	298.5269	301.3500	297.9072	296.3236	300.5011	298.9218	−1.0782
310	312.9550	308.9478	312.6509	316.9566	310.8906	312.4802	2.4802
320	318.7477	313.9239	321.5671	320.7521	321.7982	319.3578	−0.6422
330	335.2373	334.6298	336.3792	330.2835	330.2835	333.3627	3.3627
340	338.2888	338.0638	337.8824	338.9201	342.2835	339.0877	−0.9123
350	347.9577	352.1180	345.2964	346.4588	351.6792	348.702	−1.2980
360	356.4167	364.1188	353.3867	351.7447	360.8783	357.309	−2.6910
370	371.1297	364.5722	374.3509	374.4659	371.0447	371.1127	1.1127
380	376.6001	374.9183	375.2908	379.5913	384.5258	378.1853	−1.8147
390	389.8301	391.2431	388.2123	390.0348	393.3770	390.5395	0.5395
400	401.4347	400.2784	400.8285	405.5791	402.3423	402.0926	2.0926

将表 5-4 的测量数据进行可视化处理，所得结果如图 5-7 所示。

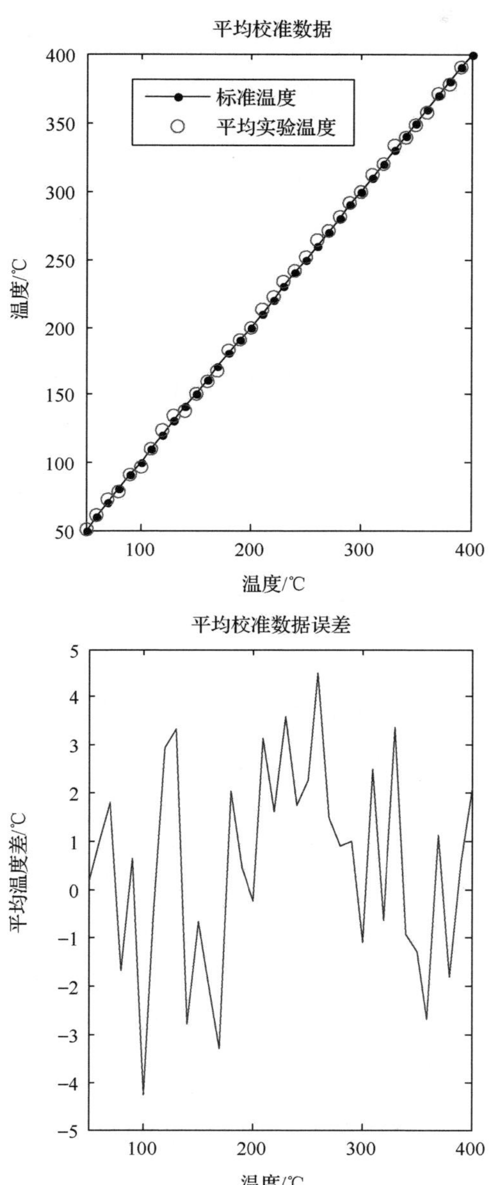

图 5-7　面源黑体的多次校准

由面源黑体对宽波段比色测温实验系统的多次校准测量可知，本实验搭建的实验系统对于辐射温度测量具有较好的稳定性，温度误差为±4℃，基本达到了搭建实验系统时的预期目标。因此，我们搭建的宽波段比色测温系统性能稳定、准确度高，可以对某些实物进行温度测量。

5.6　实物测量及结果分析

我们搭建的宽波段比色测温系统经黑体校准实验，通过理论数据和实验测量数据的对比，验证了所搭建实验平台的正确性及可行性。实验数据结果分析和实验误差原因的论证，为后续的实验系统调整或系统优化奠定了理论基础。本节利用宽波段比色测温系统进行水、燃烧的蜡烛和可控温电热炉的温度测量实验，这些物体在生活中随处可见，且符合本实验系统的应用理念。

5.6.1　水的温度测量

用电磁炉将水加热至 100℃，然后让其自然降温，用本实验搭建的宽波段比色测温系统每隔 5℃对水的辐射温度进行一次测量，同时，用温度计检测水的真实温度。数据处理方法同以上实验系统的处理方法，如表 5-5 和图 5-8、图 5-9 所示。

表 5-5　系统对水的温度测量数据

标准温度/℃	8645nm 电压读值/mV	10700nm 电压读值/mV	实验比值	理论比值	实验温度/℃	温度差/℃
50	35	48	0.7315	0.7655	35	−15
55	39	53	0.7418	0.7732	42	−13
60	42	55	0.7598	0.7874	49	−11
65	47	60	0.7891	0.7921	52	−13
70	51	64	0.7997	0.8078	60	−10
75	57	70	0.8152	0.8142	68	−7
80	62	75	0.8263	0.8284	72	−8
85	68	82	0.8311	0.8315	81	−4
90	77	91	0.8457	0.8479	89	−1
95	85	100	0.8501	0.8521	96	1
100	93	108	0.8599	0.8669	105	5

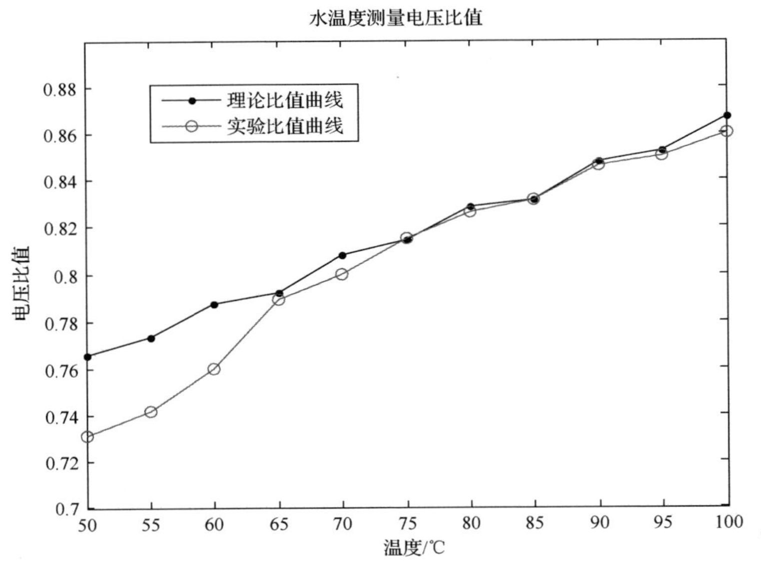

图 5-8　水测量理论电压值和实验电压值

图 5-8 彩图

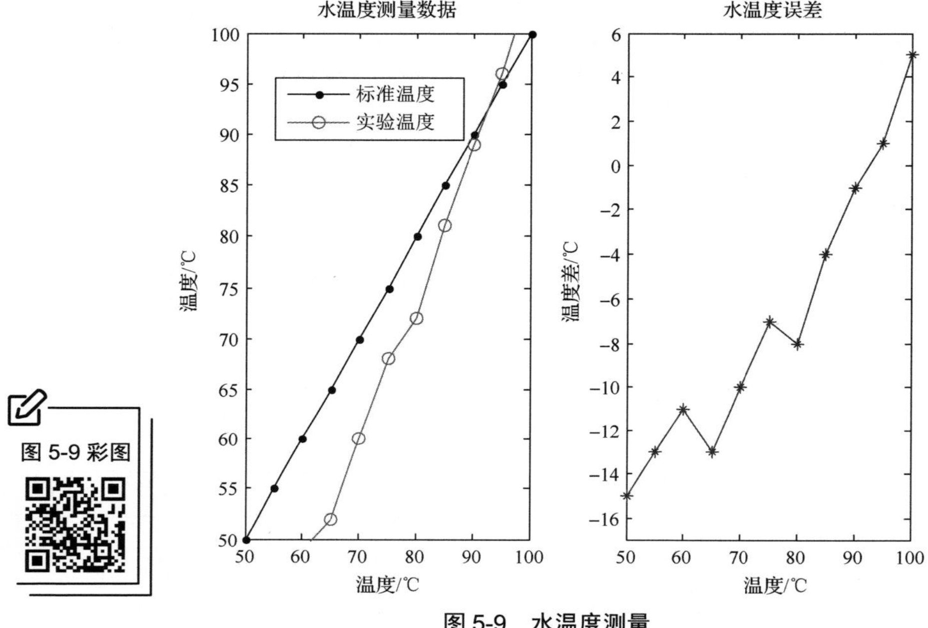

图 5-9　水温度测量

根据表 5-5 和图 5-8、图 5-9 可知，宽波段比色测温系统对水的温度测量结果能较准确地反映水的真实温度，只是最大温度误差的绝对值达到了 15℃，对这种情况进行分析，存在因素如下。

（1）水的温度与室温较为接近，而实验系统的屏蔽措施（对光路系统加套筒）有些简单，受背景影响较大，尤其是当测量 50～60℃的温度范围时误差更大些。

（2）盛水的容器为金属容器，这种容器在温度较低时发射率变化相对较大，因此造成较低温度的测量误差大于较高温度的测量误差。

5.6.2　燃烧的蜡烛的温度测量

将蜡烛点燃，用宽波段比色测温系统对燃烧的蜡烛进行重复性温度测量，实验结果如表 5-6 所示。

表 5-6　燃烧的蜡烛的温度测量数据

滤光片 8645nm 的电压读值/mV	滤光片 10700nm 的电压读值/mV	理论比值	实验比值	实验温度/℃
2441	1913	1.2737	1.2758	514
2443	1920	1.2737	1.2721	498
2435	1903	1.2737	1.2798	505
2448	1920	1.2737	1.2751	509
2446	1936	1.2737	1.2632	491
2459	1914	1.2737	1.2849	521
2446	1940	1.2737	1.2608	487
平均温度值/℃	503.57			
标准偏差	12.3			

由表 5-6 可知，用宽波段比色测温系统对燃烧的蜡烛进行温度测量，实验得到的平均温度值为 503.57℃，其标准偏差为 12.3，说明此实验系统对蜡烛的燃烧的测试稳定性差。此情况存在的主要原因是蜡烛燃烧时火焰易受外界影响，如空气对流造成的火焰摆动、氧气浓度造成的燃烧效果强弱等。即便如此，实验系统对燃烧的蜡烛的温度测量还是能够比较真实地反映其温度的。

5.6.3 可控温电热炉的温度测量

实验对象是可控温电热炉，在用宽波段比色测温系统进行温度测量的同时，用热电偶监测可控温电热炉的真实温度，实验结果如表 5-7 和图 5-10 所示。

表 5-7 可控温电热炉的温度测量

热电偶示值/℃	滤光片 8645nm 的电压读值/mV	滤光片 10700nm 的电压读值/mV	理论比值	测量比值	实验温度/℃	温度差/℃
200	304	275	1.0214	1.1055	208	8
210	335	298	1.0342	1.1242	215	5
220	366	346	1.0464	1.0578	223	3
230	404	352	1.0583	1.1477	234	4
240	437	385	1.0698	1.1351	247	7
250	457	419	1.0808	1.0907	258	8
260	478	427	1.0916	1.1194	271	11
270	516	446	1.1020	1.157	285	15
280	545	451	1.1120	1.2084	289	9
290	584	480	1.1218	1.2167	293	3
300	612	533	1.1313	1.1482	302	2
310	653	528	1.1404	1.2367	316	6
320	700	562	1.1493	1.2456	324	4
330	752	623	1.1579	1.2071	336	6
340	813	652	1.1663	1.2469	345	5
350	864	727	1.1743	1.1884	356	6

续表

热电偶示值/℃	滤光片8645nm 的电压读值/mV	滤光片10700nm 的电压读值/mV	理论比值	测量比值	实验温度/℃	温度差/℃
360	950	779	1.1766	1.2195	367	7
370	1034	807	1.1898	1.2813	373	3
380	1098	860	1.1973	1.2767	384	4
390	1166	896	1.2044	1.3013	394	4
400	1212	949	1.2114	1.2771	407	7

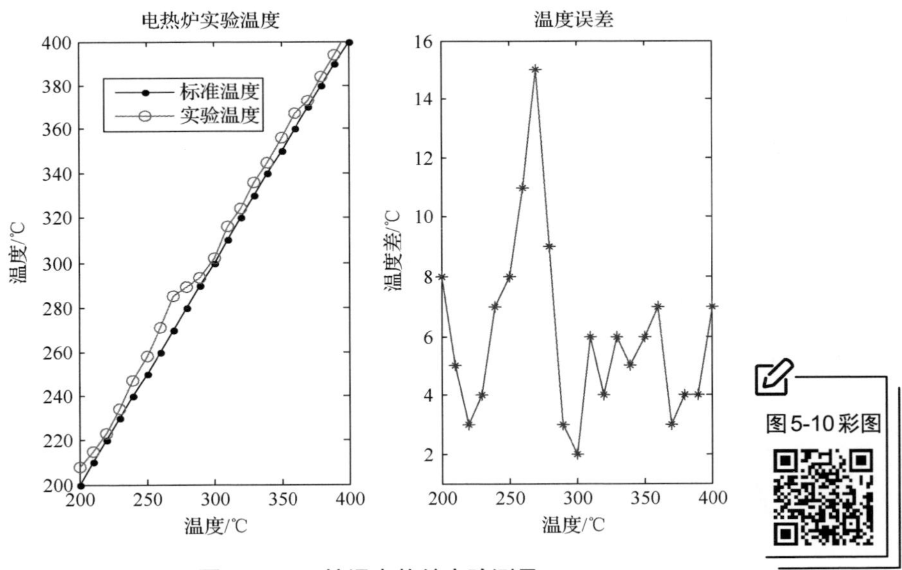

图 5-10　可控温电热炉实验测量

由表 5-7 和图 5-10 可知，经过宽波段比色测温系统测得的实验温度能较真实地反映电热炉的温度，个别的测量数据温度差偏差较大，造成这种温度差偏差较大现象的原因如下。

（1）电热炉表面温度分布不均匀。实验时要尽量测量电热炉的中心，热电偶也该放于电热炉中心检测。

（2）热电偶对电热炉进行温度监测时，两者因为接触改变了温度场的分布。

（3）电热炉的温度不稳定，需要多次测量取均值，以均值替代电热炉的真实温度。

5.7 本章小结

本章我们利用搭建的宽波段比色测温系统开展了系统校准和实验测试研究。我们主要对校准过的宽波段比色测温系统进行实物的温度测量，并分析每个实验数据误差存在的原因。尽管在精确度方面不令人欣慰，但是为后续的宽波段比色测温技术的研究提供了很有价值的理论和实验依据，为进一步改善实验系统的性能和精确度提供了极大的方便。

第 6 章

AI 疫情防控监测系统

本章着眼于疫情防控监测，通过智能监测快速、准确地做出疫情判断，同时以语音播报的形式提示行人戴好口罩或一键体温报警。AI疫情防控监测系统采用树莓派4B作为核心板，结合多功能AI扩展板、Open CV计算机视觉库、语音技术、视觉识别处理、网络编程等技术，通过口罩识别模块、人体红外测温模块、语音提示模块、身份验证模块、舵机模块等硬件结构设计，以及Python、C/C++的软件算法融入，实现了行人面部口罩识别、人体温度测量、物体追踪、语音提示等功能。

6.1 引　　言

新冠疫情暴发后，随着确诊和疑似病例数不断攀升，各地的防控和医疗压力陡增。疫情期间为了减少感染风险，戴口罩已经是人们外出必备的防护措施，在高铁站、医疗机构等人流密集或易感区域此防护措施尤为必要。除对行人是否佩戴口罩进行检测外，在各种人流密集区域对出入人群进行体温测量也显得尤为关键。

人体温度测量包括接触式体温测量和非接触式体温测量两种。接触式体温测量主要指的是传感器与被需要测量温度的人或者物体进行充分的接触，通过热量交换继而得到被测人或者物体的温度，它的优点是操作简单，观察温度很直观，而且测量得到的温度精确度比较高[127]。接触式体温测量的方法五花八门，最常用的测量工具主要包括气体和液体玻璃温度计、热电偶和电阻温度传感器[128]。接触式体温测量的温度传感器主要可以分为以下三种类型。

（1）热敏电阻[129-130]，该传感器随着温度高低起伏的变化，传感器本身的电阻数值也会有很大的起伏，它的优点是造价比较低、响应迅速、灵敏度较高，但是，使用之前需要先对传感器进行多次校正，用来降低自身的非线性误差及自热影响，当测量体温时，其测量速度慢[131]，受环境影响较大。

（2）热电偶[132]，由两种材料不同的导体或者半导体组成一个封闭式回路[133]，利用热电效应工作。热电偶具有温度工作区间广、构造成本比较低、结构组成非常简单、安装容易等优点，但是它的灵敏度和测量精确度都比较低，适用于极度高温环境。

（3)集成温度传感器[134]，它是采用硅半导体集成工艺设计制造的，主要包含数字信号输出、模拟信号输出、逻辑信号输出三种类型，它所具有的优点是体积很小便于使用、测温精确度比较适中、灵敏度较高、线性比较好等。集成温度传感器能够有效地补偿传统温度传感器测量人体温度反应时间慢、热惯性较大、内线性较差等问题，已经被广泛地运用到了各个领域。

非接触式体温测量是指通过测量人体自身的红外辐射能量来判断和计算人体体表温度，其测量方便、快速、卫生，但精度相对较低[135]。非接触式体温测量主要以红外体温测量为代表[136]，其具体测量工具[137]主要包括以下四种。

（1）耳腔式测温仪，该设备主要通过对耳朵鼓膜的热辐射度的测量来实现非接触性的人体温度检测。将测温仪直接放置在被测量者的耳朵里面，利用红外线的作用，只需两三秒就可以测量出体温，比较适合小孩使用，但是耳腔式测温对仪器使用者的操作技术要求比较高，在检测时需要使用一次性探头，避免产生交叉感染。

（2）表皮式测温仪，又称额温计，该设备是利用人体皮肤的温度来对体温进行检测的，将它贴近额头保持 10 秒左右就可以测量并显示出当前的人体温度值。由于人体皮肤的温度会受到外界环境多种因素的影响，因此，表皮式测温仪测量到的额头温度与人体的真实温度存在一定的差距。

（3）医用红外热成像仪，此设备测量人体温度的原理与上面两种测温仪的测温原理大致相似，都是利用红外辐射进行人体温度测量，但是该方法在收集信号及处理信号方法上会表现得比较复杂，它会将人体温度通过二维影像的方式直接呈现出来，更加清晰明了，因此测量成本会比较高，而且目前的使用范围比较小。

（4）红外体温检测仪，该设备能够对一定范围内的人群进行简单、快捷的温度监测，不用直接接触需要被监测的人群，可以有效地避免人与人之间的交叉感染，因此，该设备在公共场所内被广泛使用。

目前市场上许多公司都结合 AI 设计相关产品来应对疫情，其中腾讯优图研发的口罩佩戴识别专用 AI 不仅能做到检测行人是否佩戴口罩，还能做到在佩戴口罩的情况下识别人脸；旷视和商汤两家公司设计的 AI 测温方案，可辅助传统的红外（热成像）测温技术，实现非接触式远距离测温；云知声推出的智能防疫设备，通过全程无接触的方式实现人员信息采集，协助政府单位、医疗机构、基层社区完成疫情重点人群筛查、防控与宣教等工作。

根据不同的体温测量系统应用场景，目前已设计出形式多样的体温测量系统。关宏强研究设计了一种采用 MLX90614 红外温度传感器和可编程逻辑控制器（Programmable Logic Controller，PLC）触摸屏技术的非接触式红外测温仪[138]。该仪器利用红外传感器快速采集温度数据，通过 PLC 计算和调整温度数据，对异常的人体温度数据进行预警，并可通过触摸屏调整参数、显示温度值和预警。彭帅军设计了一款基于微信公众平台的老年人智能体温计系统，该系统用智能体温计采集体温，然后通过蓝牙将体温数据发送到移动设备上，后台服务器通过互联网接收移动设备发送的体温数据并进行远程监控和检索[139]。吴波等提出了一种基于云计算的体温测量系统，该系统通过连接的数据终端和云计算服务信息平台进行智能体温测量、采集、传输和处理，从而进一步完善了目前在医院运行的信息系统的功能[140]。王纪彬等提出了一个使用近场通信（Near Field Communication，NFC）的被动体温测量系统，NFC 天线的功能是检测移动设备等传输的能量，并传输获得的数据[141]。微控制器接收并计算温度传感器信号，其结果通过 NFC 发送到移动设备并显示在一个安卓应用程序中。胡红波等设计了一种基于无线传输的体温监测预警系统，用于疫情中与病毒有过密切接触人群的体温监测筛选、集中隔离人员的体温监测及疫苗临床志愿者不良反应的观察等[142]。通过对患者体温数据和环境温度数据的临床调查，分析出两者之间所对应的关系，确定体温阈值设置的主要因素和基本范围。胡玫等提出了一款基于 STM32 的可穿戴式无线体域网信息监测系统，它以 STM32 处理为核心，具有低功耗、高速的特点[143]。该系统具有的功能为无线传输、实时采集、数据存储及监测人体生命体征信息，系统由无线传感器网络（Wireless Sensor Network，WSN）、中央监测模块和手机终端组成，它可以应用于医疗监测，进行实时监护、早期预防。王锡龙设计了一款基于无线传感器网络技术的生命体征检测系统[144]，该系统利用无线传感器网络、无线传输、射频识别和红外线技术，构成了一种体温检测系统。该系统首先通过无线传感器节点实现对病人的非接触性体温检测，然后通过无线传输的方式将检测到的体温数据信息存入数据库中，最后在本地局域网和互联网中实现病人体温数据信息的共享。包敬海等设计了一款基于 DS18B20 数字温度传感器的多点体温检测系统，该系统在一分钟内能够检测 64 位用户的体温，同时还可以将测量的体温数据实时显示在 LCD12864 上，它具有成本低、效率高、简单方便等特点[145]。侯小华等设计了一款基于 ZigBee 无线传感器网络技术的患者体温检测系统，通过 ZigBee 无线传感器网络技术组成无线网络，对病房的各种参数进行实时传输，实现了对患者体温、室内环境温度以及患者的呼叫信号的实时监测和采集[146]。杜健宁等设计了一种基于 WeMos D1 Mini 开发板的脉搏与体温检测装置，该装置能够把病人的脉搏与体温数据对护士进行实时反馈，另外，护士也可以通过 App 对病人的状况进行查询和监测，若是患者有发烧的状况，该装置会通过手机端通知护士，使患者得到及时的救助[147]。时昊等设计了一款基于单片机的红外热成像体温检测仪，它可以简单、快速地实现非接触式体温检测，能够在 500ms 内实现人体温度检测，并且可以进行体温实时显示、声光提示等[148]。程自强等设计了一款基于 STM32 单片机的非接触式体温监测警报系统，该系统能够在短时间内对某一区域的人群进行体温监测，它的测量精度高达 0.1℃，在进行体温监测的同时还可以筛选并隔离疑似患者，能够降低病毒传播的风险[149]。

通过对市场上现有的同类 AI 产品[150-152]进行调研和分析，我们发现传统的口罩检测及体温检测主要依靠人力，检测员在某一固定地点对进入该区域的行人进行检测，不仅耗时费力，而且效率低下。这种检测方式只能检测单个个体在进入某一区域时是否佩戴口罩，不能达到实时监测的效果，并且在疫情形势严峻之时也增加了传染的风险，已有的产品只是针对疫情防控期间的某一项措施来设计产品的。

针对以上 AI 产品存在的问题，我们提出了相关的 AI 解决方案，设计了一款基于树莓派的多功能的智能设备，该设备能实现非接触式远距离测温和口罩佩戴情况的检测。这款智能设备的设计旨在为人流量大、人员出入密集的场所（如公共汽车站、火车站、商场、社区等）进行有效的防疫检测。我们通过大量的调研和设计，从经济性和实用性两方面考虑，采用树莓派 4B 作为核心板，结合多功能 AI 扩展板、Open CV 计算机视觉库、语音技术、视觉识别处理、网络编程等技术，通过 Python、C/C++编程，提出了一种将 PyramidBox 模型与 Anchor 框架结合的轻量级算法，利用 Arduino Nano 开发板驱动 MLX90614 红外温度传感器实现行人面部口罩识别、人体温度检测、物体追踪、语音提示等 AI 功能。该系统检测方法相比于传统检测方法主要有以下几方面优势。

（1）检测效率高。

传统的检测方法需要检测员手持测温仪在人流量大的区域入口对过往行人进行检测，不但浪费大量的人力、物力，而且无法对行人进行实时佩戴口罩检测。我们设计的检测方法只需将检测设备放置在多个检测区域，只需一个检测员在监控室对视频进行监测，一旦发现异常即可通过语音提示让行人戴好口罩或对异常体温进行报警，节省了大量的人力成本。

（2）实时性强。

传统的人工检测只能在商场入口对行人是否佩戴口罩进行检测，而一旦进入商场内部，行人是否佩戴口罩就会不受控制。我们设计的智能设备可以对监测区域内个体是否佩戴口罩进行实时监测，一旦发现有人未佩戴口罩，屏幕上的人脸框就会显示 NO MASK 标签，提醒工作人员此人的行为可能不符合规范。

（3）检测范围大。

我们设计的智能设备可对检测范围内的行人进行佩戴口罩检测，弥补了人工一次只能对单一的个体进行检测的弊端，不仅提高了检测效率，而且节省了人力成本。

6.2 智能监测系统设计

智能监测系统主要由口罩识别模块、人体红外测温模块、语音提示模块、身份验证模块、舵机模块组成。摄像头负责采集视频流信息，并将采集到的信息发送给树莓派处理，进行口罩识别；红外测温传感器负责采集人体温度信息，经 Arduino Nano 开发板对体温数据进行处理，将数据显示到终端上，并判断体温是否正常，实现体温检测；树莓派控制舵机旋转带动摄像头，以实现对某一区域内的行人进行动态监测；语音提示模块加载到树莓派的核心板上，通过终端输入提示信息，树莓派的外设扬声器播报提示信息。系统总体设计框图如图 6-1 所示。

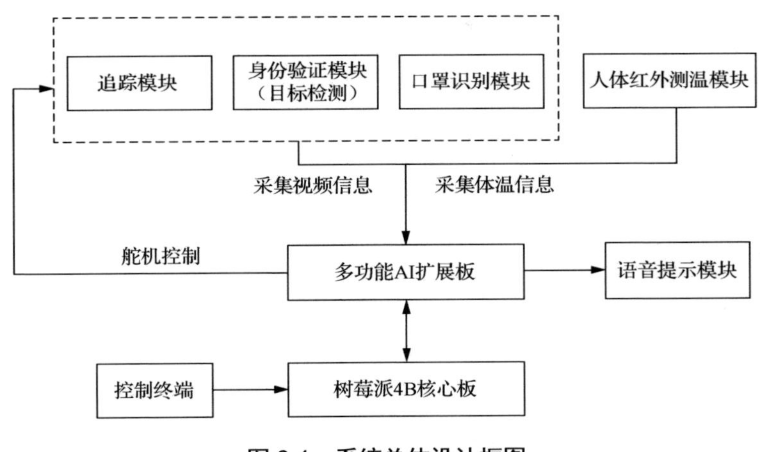

图 6-1　系统总体设计框图

口罩识别模块主要由摄像头、舵机、树莓派及多功能 AI 扩展板组成。通过摄像头采集到某一区域的图像信息，将图像信息传递到树莓派 4B，进行口罩检测，通过多功能 AI 扩展板将带有标签的图像显示在终端上。

人体红外测温模块主要由 Arduino Nano 开发板程序驱动，MLX90614 红外温度传感器实现人体温度检测。首先 MLX90614 红外温度传感器的作用是采集人体红外温度模拟信号；其次通过 Arduino Nano 开发板将采集到的模拟信号转换为数字信号并进行数据处理，阈值判定，检查体温是否正常；最后将数字信号显示到 OLED 屏和 PC 终端上。

语音提示模块主要由扬声器、树莓派组成。该模块的作用是检测到行人体温超出正常范围或未佩戴口罩时，终端输入提示文字，通过扬声器进行语音提示。

追踪模块主要由摄像头、舵机、树莓派和多功能 AI 扩展板组成。摄像头负责采集图像，由多功能 AI 扩展板控制舵机旋转，实现摄像头追踪行人功能。

6.2.1 影响因素分析

智能监测系统在设计过程中，不管是硬件系统的搭建还是算法及软件程序的设计，都需要综合考虑以下两方面影响因素。

（1）外界环境因素对系统的影响。

硬件系统的搭建主要依靠电子元器件和开发板，当外界环境不够理想时，容易对电子元器件产生危害。当外界温度过低时，电子元器件会因为温度的降低使某些材料脆化，缩短元器件的使用寿命。当外界温度过高时，电子元器件的耐压值会下降。当气压降低时会使密闭元件膨胀，散热能力下降，造成元器件使用年限减少。当外部环境过于干燥时，电子元器件材料中的水分就会蒸发，造成电子设备的材料变脆、开裂，导致电子设备短路或断裂，影响电子产品的整体使用情况。干燥环境产生静电，是电子设备损坏的主要原因，一种是灰尘的吸附，电线之间阻抗的改变，设备绝缘电阻的降低，影响了设备的性能和寿命；另一种是由静电放电造成的损害，它直接破坏了电子元器件的运行等。

（2）系统电磁辐射带来的影响。

在外界因素对电子元器件造成破坏的同时，电子元器件及系统也会对外界造成一定的危害。一般情况下，电路产生低频电磁辐射，其对人体的危害取决于辐射的能量大小。长期暴露在高水平的电磁辐射下，会引起人体血液、淋巴液和细胞原生质的变化，影响血液循环、免疫力、激素分泌、生殖和身体的代谢功能，严重时还会加速癌细胞在体内的增殖，引起癌症、糖尿病和遗传性疾病，对儿童来说则可能导致白血病。一些电子元器件含有重金属，如铅、汞和镉，这些重金属在体内缓慢代谢和积累，可导致蛋白质结构的不可逆变化，对人类健康构成严重威胁。重金属中毒可导致头痛和头晕、神经紊乱、癌症等疾病，对神经系统、器官和骨骼的损害尤为严重。

6.2.2　树莓派运行环境搭建

树莓派运行环境的搭建主要分为三个部分：基础环境搭建、扩展板环境搭建、功能实现。

（1）基础环境搭建。

首先下载树莓派的官方系统（Desktop 版），并将系统烧写到 Micro SD 卡（储存大小最小为 16GB）中；然后开启 SSH 配置 WiFi，在 boot 分区下新建一个 SSH 空文件，开启 SSH 远程登录；启动安装树莓派镜像系统，更改 apt 软件源与 PIP 系统源。为了防止树莓派的 IP 地址每次都变动，可将 DHCP 改为静态 IP。具体流程如图 6-2 所示。

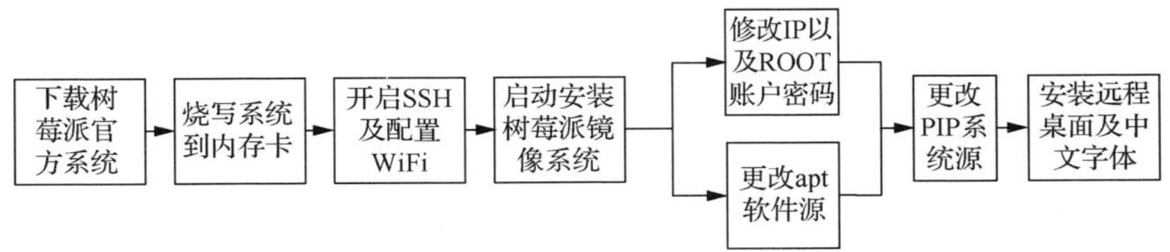

图 6-2　基础环境搭建流程

（2）扩展板环境搭建。

首先将扩展板与核心板相连，并在扩展板上安装语音识别模块 Python-SDK，然后配置 PCA9685 和对应的 GPIO，最后配置 PCA9685 的舵机，进而实现语音识别功能。具体流程如图 6-3 所示。

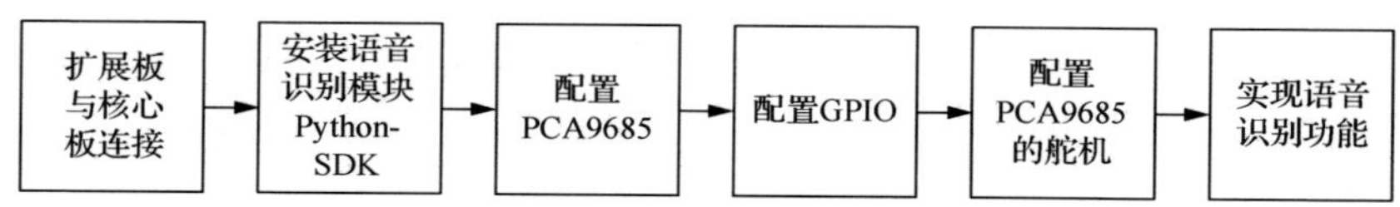

图 6-3　扩展板环境搭建流程

（3）软件系统功能实现。

在前两步配置好树莓派 4B 核心板和扩展板的基础上进行以下操作。首先，在核心板的 PC 端配置 OpenCV 环境，在此基础上根据所要实现的功能进行 Python 程序的编写，并将这些功能组合成一个模块实现人脸识别、温度监测、口罩识别、身份验证等功能。其次，在扩展板上烧写语音识别的代码，实现语音识别功能。最后，将核心板和扩展板的功能进行整合。软件系统功能实现部分流程如图 6-4 所示。

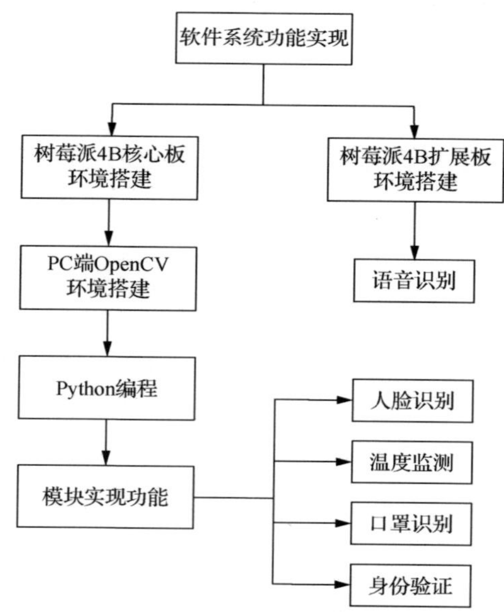

图 6-4　软件系统功能实现部分流程

6.3　系统硬件设计

6.3.1　树莓派开发板

系统硬件主要以树莓派 4B 为核心开发板，树莓派 4B 是一款基于 ARM 的微型计算机主板；以 SD/Micro SD 卡为内存硬盘，卡片主板周围有 4 个 USB 接口和一个千兆以太网接口（A 型没有网口），可连接键盘、鼠标和网线，同时拥有两个 Micro HDMI 端口支持视频模拟信号的电视和高清视频输出，具备 PC 的基本功能。树莓派 4B 的 CPU（SoC）为博通 BCM2711，采用 1.5GB、4 核、64 位，Cortex A72 架构设计而成，具有运行速度快、低功耗等优点，并采用 4GB 内存，5.0BLE（蓝牙），Type-C 双面接口，支持电流输入（5V/3A），两个 3.0 的 USB 端口保证了数据可以快速传输，扩展接口依然是 40 针 GPIO，用于外接 AI 扩展板。树莓派核心板如图 6-5 所示。

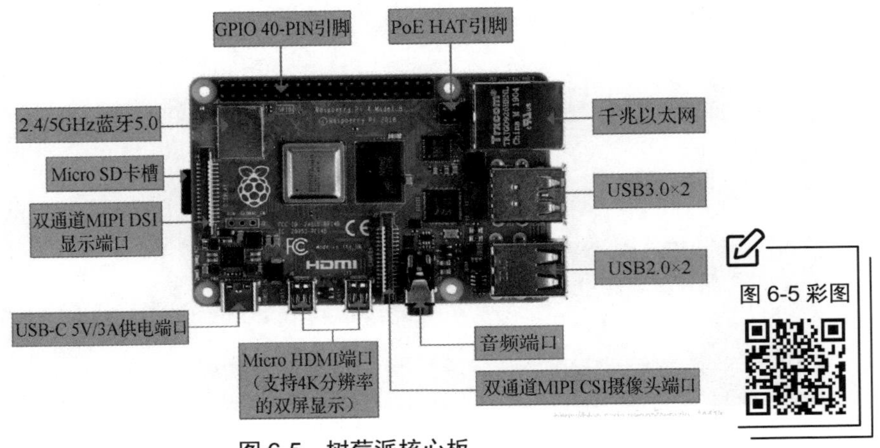

图 6-5　树莓派核心板

6.3.2 多功能 AI 扩展板

1. 树莓派多功能 AI 扩展板原理

树莓派多功能 AI 扩展板，可以通过扩展接口（40针 GPIO）直接插入树莓派，树莓派多功能 AI 扩展板包含 PCA9685 芯片、树莓派扩展接口、六路舵机接口、超声波接口、电池组接口、降压保护电路、蜂鸣器、音频接口等，并为后续升级提供了板载超声波和 DC 电机模块。树莓派多功能 AI 扩展板如图 6-6 所示。

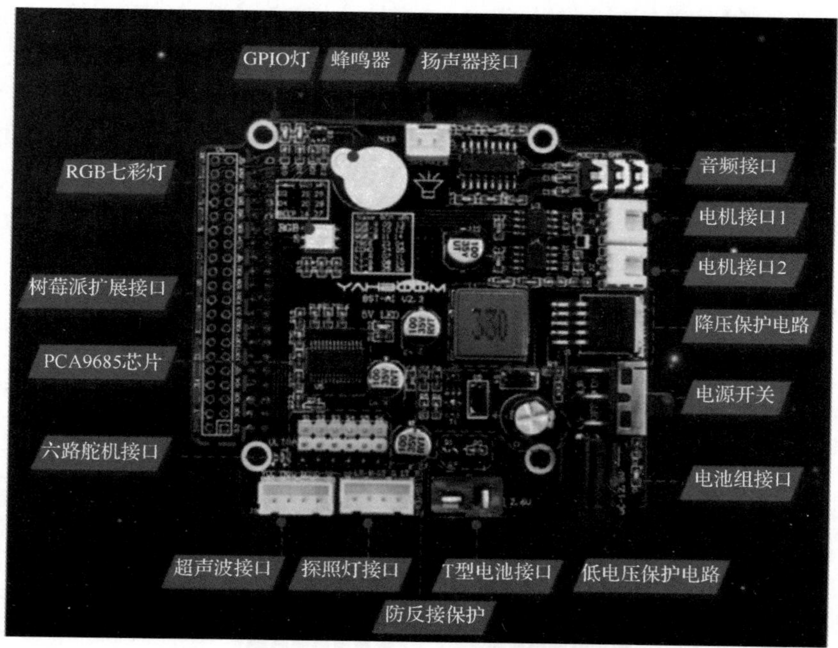

图 6-6 树莓派多功能 AI 扩展板

2. PCA9685 芯片原理及电路图

树莓派多功能 AI 扩展板的核心芯片采用 PCA9685，PCA9685 是一款基于 IIC 总线控制的 16 路 LED 背光调节控制芯片，采用 IIC 总线与主控芯片进行通信[16]。每一路 LED 输出端均可自由调节 PWM 波的频率（40～1000Hz）和占空比（0～100%）。这款芯片主要通过输出不同占空比的 PWM 脉冲信号来控制舵机转动的角度。

（1）IIC 总线协议。

树莓派视觉机器人的主控芯片一般具有多种资源与传感器或其他外设进行通信，包括串口、IIC、SPI、QSPI 等。IIC 总线具有简单、有效的特点，能够有效减少芯片管脚和线路连接的数量，PCA9685 舵机控制器就是采用 IIC 与主控芯片进行通信的[18]。

IIC 总线是由 Philips 公司开发的，是一种简单的双向二线制同步串行总线。它只需要两根线即可在连接于总线上的器件之间传送信息。

IIC 总线一般由两根数据传输线构成：一根时钟线（SCL）、一根数据线（SDA）。IIC 总线协议一般要求每次发送字节的长度必须为 8 位，每次通信由主机、从机两端完成。整个通信过程（IIC 通信协议）如图 6-7 所示。

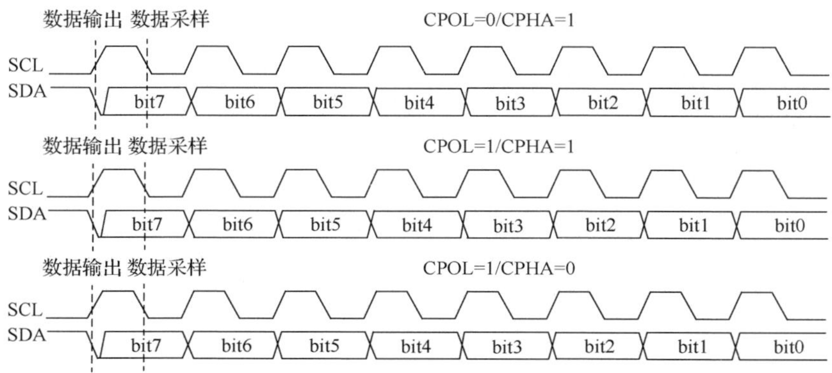

图 6-7　IIC 通信协议

（2）IIC 写操作流程。

① 主机发起开始信号。

② 主机发送 IIC 地址（7 位）和写操作 0（1 位），等待确认。

③ 从机发送确认。

④ 主机发送寄存器地址（8 位），等待确认。

⑤ 从机发送确认。

⑥ 主机发送数据（8 位），即要向寄存器中写入的数据，等待确认；从机发送确认。

⑦ 主机发起停止。

（3）IIC 读操作流程。

① 主机发送 IIC 地址（7 位）和写操作 0（1 位），等待确认。

② 从机发送确认；主机发送寄存器地址（8 位），等待确认。

③ 主机发送开始；主机发送 IIC 地址（7 位）和读操作 1（1 位），等待确认。

④ 从机发送确认；从机发送数据（8 位）。

⑤ 主机发送确认。

从以上分析我们可以看出，IIC 总线通信只需要两根线（SCL 和 SDA），可并联多个外设使用，通过每个外设的 IIC 地址区分不同外设。从机的 IIC 地址最低位代表读（1）或写（0）操作。

（4）PCA9685 的主要特点。[17]

① PCA9685 可编程调节 16 路 PMW 脉冲的占空比以及高电平到来的时刻，分辨率为 12 位（4096）。

② 在快速模式下 IIC 总线的速率可以达到 1MHz，此外 SDA 端口 30mA 的驱动能力可以在高总线负荷上使用。

③ PCA9685 的 PWM 脉冲输出频率范围为 40～1000Hz，它内置的 25MHz 振荡器和外部时钟可以选择使用。

④ PCA9685 的硬件地址被设计为 6 位，这样在同一个 IIC 总线上可以连接 62 个相同芯片；每个芯片有 4 个基于 IIC 总线的软件可编程地址，并且任一芯片可以被同时或单独寻址。

⑤ PCA9685 的电压工作范围为 2.3～5.5V，使用温度为-40～+85℃。

（5）PCA9685 舵机控制实现。

通常 PCA9685 与舵机连接需要三根线，分别是电源线、控制线和地线，其中控制线是 PWM 脉冲的输出端，电源线和地线为舵机内部的直流电机供电。舵机转动的角度和控制线 PWM 脉冲的宽度（占空比）成正比，1ms 对应 0°，2ms 对应 180°，并且脉宽在 1～2ms 之间变化时，舵机角度从 0°～180°呈线性增长。因此，我们要实现对舵机的控制，需要在 PCA9685 正确的地址设置工作模式、PWM 脉冲的频率及占空比。

① 芯片访问地址的确认。PCA9685 的访问地址由芯片的 6 位硬件地址引脚连接电平决定，最高位为 1 不变，最低位用于区分 IIC 通信的读写模式，主控芯片通过该地址向 PCA9685 的不同寄存器写入不同数据，这样就可以控制 PCA9685 向舵机发送想要的 PWM 脉冲。

② PWM 脉冲频率的设置。PCA9685 脉冲输出频率的范围为 40～1000Hz，一般舵机控制需要的频率为 50Hz。计算公式为

$$\text{prescal} = \frac{\text{EXTCLK}}{4096 \cdot \text{refresh\_rata}} - 1 \tag{6-1}$$

式中，prescal 为向频率设定寄存器（地址为 0XFEH）中写入的值，

EXTCLK 为主控芯片的时钟信号，refresh_rate 为期望得到的 PWM 脉冲频率，这里为 50Hz。

PCA9685 的任一通道均有 4 个寄存器用于设置 12 位计数器，以此来实现脉宽调节，分别用于控制高电平开始到结束的时刻，一般将 LED*n*_ON 设置为 0，如果脉宽为 duty，则 LED*n*_OFF 的计算公式为

$$\mathrm{LED}n\_\mathrm{OFF} = \mathrm{duty} \Big/ \left(\frac{1000000}{4096 \cdot \mathrm{refresh\_rata}} \right) \tag{6-2}$$

树莓派多功能 AI 扩展板电源电路如图 6-8 所示。

图 6-8　树莓派多功能 AI 扩展板电源电路

3. 舵机控制电路

舵机为 S015M 15kg 金属数字舵机，舵机内部包含微处理器，可以把传统的 50 脉冲/秒信号放大至 300 脉冲/秒，这样舵机由于输出频率更高，响应会更快，控制精度也更加准确。微处理器还会对控制角度进行修正，以减少死区大小，使得舵机抖动变小，提高精度和固定力量。PCA9685 舵机控制电路图及舵机实物图如图 6-9 所示。

4. 低压保护电路

为了避免长时间供电导致系统死机、通信堵塞等问题，系统采用

芯片 PCA9685 作为驱动电路的核心。PCA9685 具有输出电路多、响应速度快、占空比高等特性。当树莓派多功能 AI 扩展板正常启动时 LED 灯由亮变暗，当网络接入时 D3 三极管变蓝，实现整个硬件系统的正常工作。当电路出现故障时，低压电路会自动降低系统的电压，各种机械设备的电源控制和用电终端的控制都会得到保护。多功能 AI 扩展板降压保护电路如图 6-10 所示。

舵机控制

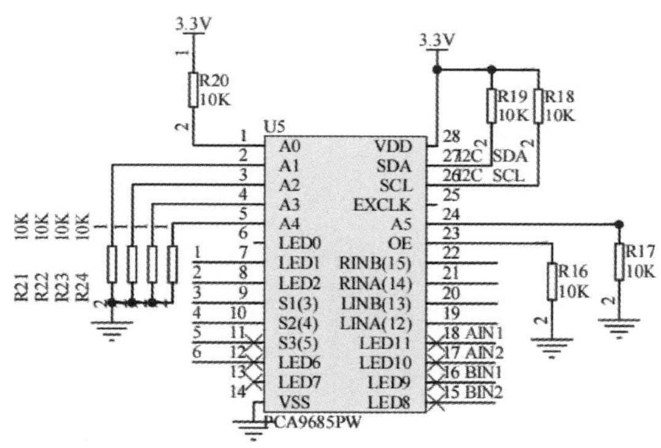

（a）舵机控制电路图

（b）舵机实物图

图 6-9　PCA9685 舵机控制电路及舵机实物图

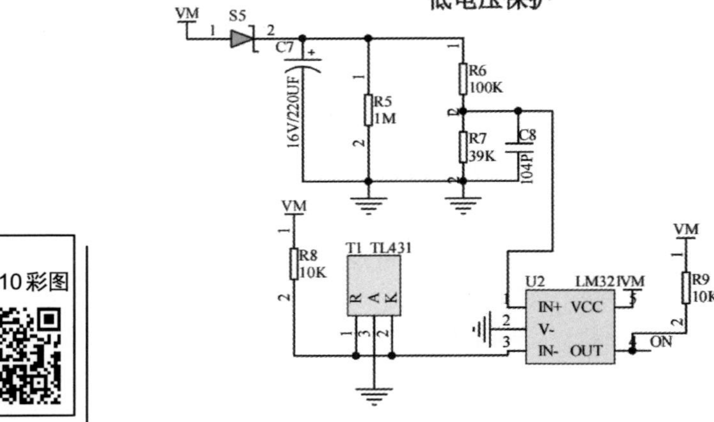

图6-10彩图

图 6-10　多功能 AI 扩展板降压保护电路

6.3.3　红外测温电路

1. Arduino Nano 开发板

Arduino Nano 开发板是一款基于 Microchip ATmega328P 8 位微控制芯片的智能硬件开发板，尺寸小巧、功能强悍。Arduino Nano 开发板由双排针引出，可以方便地接在面包板上，灵活地通过杜邦端子跟其他模块相连。Arduino Nano 开发板可以与计算机连接和微处理器通信。ATmega328P 提供 UART TTL（5V），其数字端口 0（RX）和数字端口 1（TX）可实现串行通信。开发板上的 FTDI FT232RL 接口可实现串口到 USB 的通信，FTDI 驱动程序（包括在 Arduino 软件中）能提供虚拟的 Comport。Arduino 软件包括一个串口的监视器，可以使简单的字符数据从 Arduino Nano 开发板上送出。开发板上的 RX 和 TX 的 LED 在 FTDI 芯片传送数据时会闪亮（但这不是端子 0 和端子

1 通信时的情形）。SoftwareSerial 库可以让任意 Nano 数字端口作为串口通信使用。ATmega328P 支持 IIC 和 SPI 通信。Arduino Nano 开发板如图 6-11 所示。

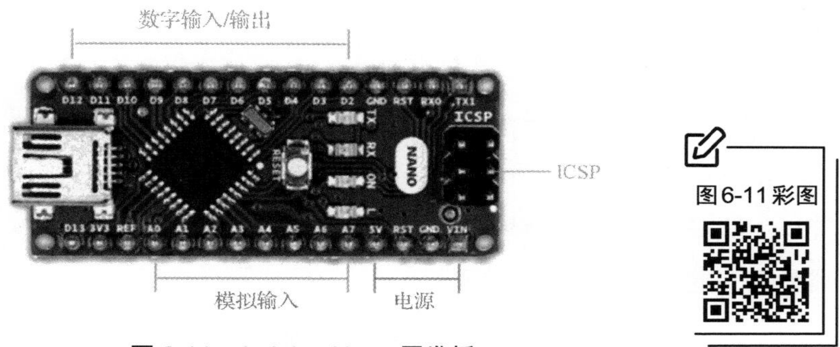

图 6-11　Arduino Nano 开发板

Nano 的 14 个数字端口可以作为数字输入或者输出，用程序中的 pinMode()定义，用 digitalWrite()和 digitalRead()功能块控制。端口工作在 5V 电压下，每个端口提供输出电流或接受 40mA 的电流。在开发板内部有一个上拉电阻，阻值为 20kΩ～50kΩ，用于保护电路。

2. MLX90614 红外温度传感器

MLX90614 是一款红外非接触式温度传感器，TO-39 金属封装里同时集成了红外感应热电堆探测器芯片和信号处理专用集成芯片，可以同时测得目标温度和环境温度，测温精度高达 0.02℃。MLX90614 有 IIC 和 PWM 两种通信方式，模块上默认为 IIC 通信方式，提供 Arduino 库文件和程序驱动，降低 MLX90614 的外界环境干扰。

下面分别介绍 AI 疫情防控监测系统采用的温度传感器的引脚、最大额定温度、性能参数等。首先详细介绍温度传感器引脚说明，如表 6-1 所示。

表 6-1 温度传感器引脚说明

引脚号	标识	描述
1	VIN	电源正极
2	GND	电源负极
3	SCL	IIC 总线的时钟线
4	SDA	IIC 总线的数据线

温度传感器所处的环境条件对测量结果有很大影响，应加以考虑并适当解决，否则会影响测温精度甚至引起测温仪的损坏，温度传感器最大额定温度如表 6-2 所示。

表 6-2 温度传感器最大额定温度

参数	数值	单位
工作温度	−70～+380	℃
使用环境温度范围	−40～+125	℃
测温误差	±0.04	℃
分辨率（室温）	0.02	℃

（1）性能指标。

首先是量程也就是测温范围，只有选择了适合的量程才能更好地测量。被测温度范围一定要考虑准确、周全，既不要过窄，也不要过宽。其次是要注意传感器的尺寸，必须选择适合自己的尺寸才能方便测量，量程和尺寸是选择传感器都要注意的。此外，选择红外温度传感器还要确定光学分辨率、波长范围、响应时间、信号处理功能等。

（2）工作条件。

红外温度传感器所处的环境条件对测量结果有很大影响，应加以考虑并适当解决，否则会影响测温精度甚至会导致测温仪损坏。当环境温度过高，存在灰尘、烟雾和水蒸气，可选用厂商提供的保护套、水冷却系统、空气冷却系统、空气吹扫器等附件。这些附件可有效地解决环境影响并保护测温仪，实现精准测温。图 6-12 为测温模块电路图。

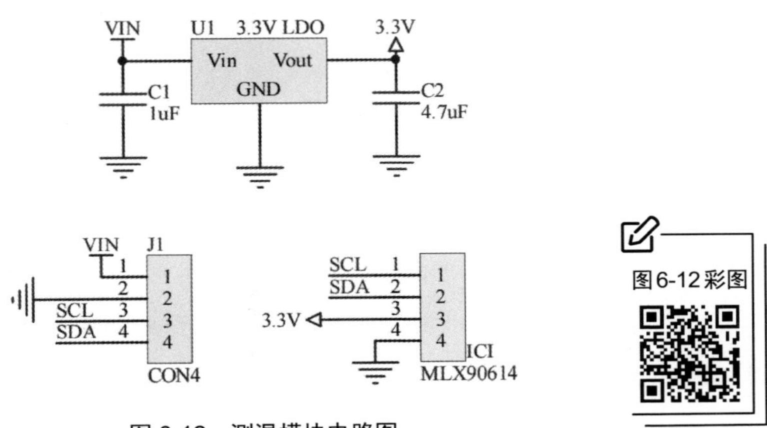

图 6-12　测温模块电路图

6.4　系统软件设计

6.4.1　关键技术

接下来我们主要介绍基于树莓派 4B 的 AI 疫情防控监测系统的 4 种关键技术：口罩识别方法、体温检测方法、目标检测方法及身份验证方法。

1. 口罩识别方法

本章提出了一种检测行人是否佩戴口罩的方法。该方法包括以下内容。

（1）指定人脸检测模型与口罩分类模型文件，设置工作线程、能耗模式，并分别创建 Predictor。

（2）利用摄像头对视频流进行捕捉，通过 OpenCV 计算机视觉库对捕捉到的视频流进行处理，并创建一个 VideoCapture 对象。

（3）将输入的视频流进行取帧，并且创建一个 Mat 对象，将 cap 进行视频读取和显示传入 input_image。

（4）缩放因子 shrink，检测阈值 detect_threshold，分类阈值 classify_threshold 可供自由配置，缩放因子越大，模型运行速度越慢，检测准确率越高。检测阈值越高，人脸筛选越严格，检测出的人脸框可能越少。分类阈值越高，佩戴口罩分类越严格，检测出的 wear mask 可能越少。

（5）对人脸进行检测，第一步需要对输入的原始图片进行预处理，第二步调用 Lite API，对输入的人脸模型进行人脸检测，并且同时生成人脸检测框。

（6）进行口罩分类，第一步对输入的图片进行预处理，第二步调用 Lite API，对生成的检测框中的人脸是否佩戴口罩进行分类。

（7）结果展示，使用 OpenCV 计算机视觉库框选结果，绿色的框选中的人脸表示佩戴口罩，红色的框选中的人脸表示没有佩戴口罩。

2. 体温检测方法

本章设计了一种行人体温检测方法。该方法的具体内容如下。

（1）使用 MLX90614 红外温度传感器来检测人体表面所放射出来的红外线光谱（6～15μm），用来对人体温度进行监测。根据玻尔兹曼定律可知，被测物体本身的温度越高，其所辐射的能量就会越大。$E=\sigma\times\varepsilon\times T^n$（其中，$\sigma$表示的是一个常数值，$T$ 表示的是被测物体的绝对温度，ε表示的是比辐射率，其中 n 的数值为 4）。只要能够准确地测量出物体自身所辐射的能量，就能够准确地确定其本身的温度。

（2）将体温处理代码烧写到 Arduino Nano 开发板上，红外温度传感器将检测到的行人体温信息传输到 Arduino Nano 开发板，并利用 BP 神经网络进行数据处理，得到处理后的体温数据，BP 神经网络是一种按照误差逆向传播算法训练的多层前馈神经网络。

（3）最后将处理后的体温数据显示到 OLED 屏上。

3. 目标检测方法

本章设计了一种目标检测方法，具体方法如下。

（1）首先，对输入的原始图像利用 Selective Search 算法进行候选框选取，记录下候选框的位置。

（2）其次，把输入的原始图像再一次输入卷积神经网络（Convolutional Neural Networks，CNN）中并对原始图像进行特征的提取，可以得到该图片的特征图。

（3）设计特征金字塔网络（Feature Pyramid Networks，FPN），第

一步把卷积神经网络卷积操作之后提取出来的原始图片的特征图用来生成候选区域（Region Proposal），并且代替了 Selective Search 的操作方法；第二步将卷积神经网络操作提取出来的特征经过 ROI Pooling 层来固定特征的数量。

（4）卷积层之间的共享可以通过使用一种快速的基于区域的卷积网络方法（Fast R-CNN）训练 FPN 和检测网络来实现，这可以显著提高网络的检测率。

（5）最后，完全合并层的输出被传递到相应的完全合并层，进行分类并使用 Softmax 进行边缘回归。

4. *身份验证方法*

本章采用 OpenCV 与 ResNet 结合的方法进行身份验证。该算法的特点如下。

（1）残差网络对于残差元的主要设计有两个：快捷连接和恒等映射。快捷连接使得残差变得可能，而恒等映射使得网络变深。恒等映射主要有两个，快捷连接为恒等映射和相加后的激活函数。

（2）普通网络和残差网络的差别。残差网络对于残差元来说，前向过程是线性的，而且后面的输入等于输入加上每一次的残差元的结果，而普通网络，则为每一层卷积的连乘运算。残差网络的一大特点是通过反向更新解决梯度消失的问题。

6.4.2 口罩识别模型

PyramidBox-Lite 是基于 2018 年百度发表于欧洲计算机视觉国际

会议（ECCV）的论文中提到的 PyramidBox 而研发的轻量级模型，模型基于主干网络 FaceBoxes，对于口罩遮挡、光照、表情变化、尺度变化等常见问题具有很强的鲁棒性。主干网络 FaceBoxes 是一种基于 SSD 的单阶段人脸检测器，能有效解决非受控场景中的小脸、模糊和遮挡的人脸检测的技术难题。与 FDDB 和 WIDER FACE 这两个常用的人脸检测基准相比 state-of-the-art 的表现更加优异。

基于 anchor 的目标检测框架已被证明可以有效地处理不同尺度的人脸。同时，FPN 结构在融合高级语义特征和低层纹理特征方面表现出较强的优势。PyramidBox 的网络结构采用与 S3FD 一样的扩展自 VGG16 骨架代码和 anchor 尺度设计，可以生成不同层级的特征图和等比例间隔的 anchor。在该骨架上添加低层级 FPN，并使用一个上下文敏感结构作为每个 Pyramid 检测层的分支网络，以获得最终的输出。PyramidBox 架构的关键在于设计了一种新的 Pyramid anchor 方法，可以为不同层级的每个人脸生成一系列的 anchor。

在 Scale-equitable 的主干网络层中，我们使用 S3FD 相同的基本卷积层和额外卷积层作为主干层，保留了 VGG16 的 conv1_1 到 pool 5 层，然后将 VGG16 的 fc 6 层和 fc 7 层转换为 conv fc 层，最后添加更多的卷积层增加网络深度，实现更好的口罩识别效果。

金字塔检测层我们选择 lfpn_2、lfpn_1、lfpn_0、conv6_3、conv7_3 和 conv8_3 作为检测层，anchor 尺寸分别为 16、32、64、128、256 和 512。其中 lfpn_2、lfpn_1 和 lfpn_0 分别是基于 conv3_3，conv4_3 和 conv5_3 的低层特征金字塔网络（LFPN）输出层。此外，与其他 SSD 类型的方法类似，使用 L2 归一化来重新调整 LFPN 输出层。LFPN

输出层为了提高人脸检测器在处理不同尺寸的人脸时的处理性能，高分辨率的低层级特征起着关键作用。因此，当前很多效果最佳的工作在相同的框架内构建了不同的结构，以检测不同尺寸的人脸，高层级特征被用于检测尺寸较大的人脸，而低层级特征被用于检测尺寸较小的人脸。为了将高层级特征整合到高分辨率的低层级特征上，FPN 提出了一种自上而下的架构以使用所有尺度的高层级语义特征图。FPN 类型的框架在目标检测和人脸检测上都取得了很好的效果。PyramidBox-Lite 网络结构如图 6-13 所示。

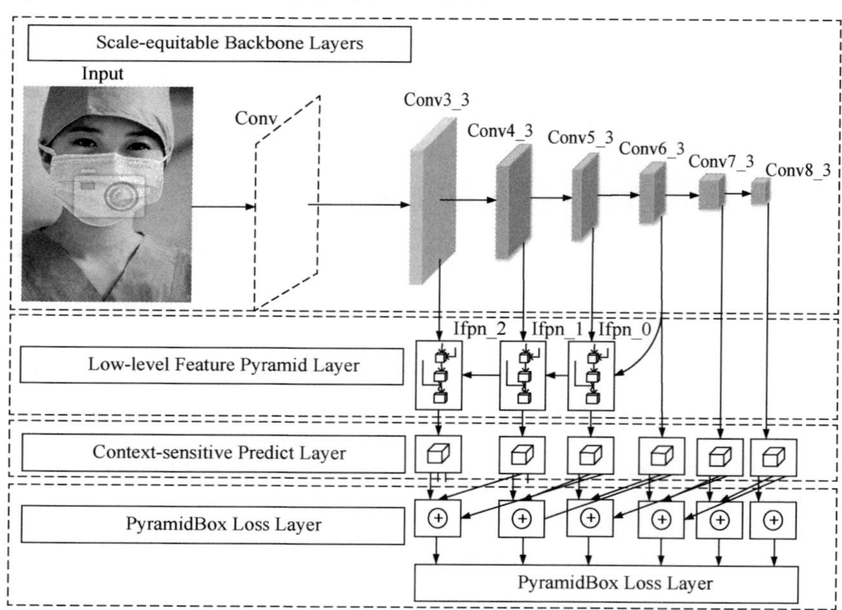

图 6-13　PyramidBox-Lite 网络结构

Pyramid anchor 算法使用半监督解决方案来生成与人脸检测相关的具有语义的近似标签，提出基于 anchor 的语境辅助方法，引入有监督的信息来学习较小的、模糊的和部分遮挡的人脸的语境特征。我们可以根据标注的人脸标签，按照一定的比例进行扩充，得到头部的标签（上下左右各扩充$\frac{1}{2}$）和人体的标签（可自定义扩充比例）。Pyramid anchor 算法网络结构图如图 6-14 所示。

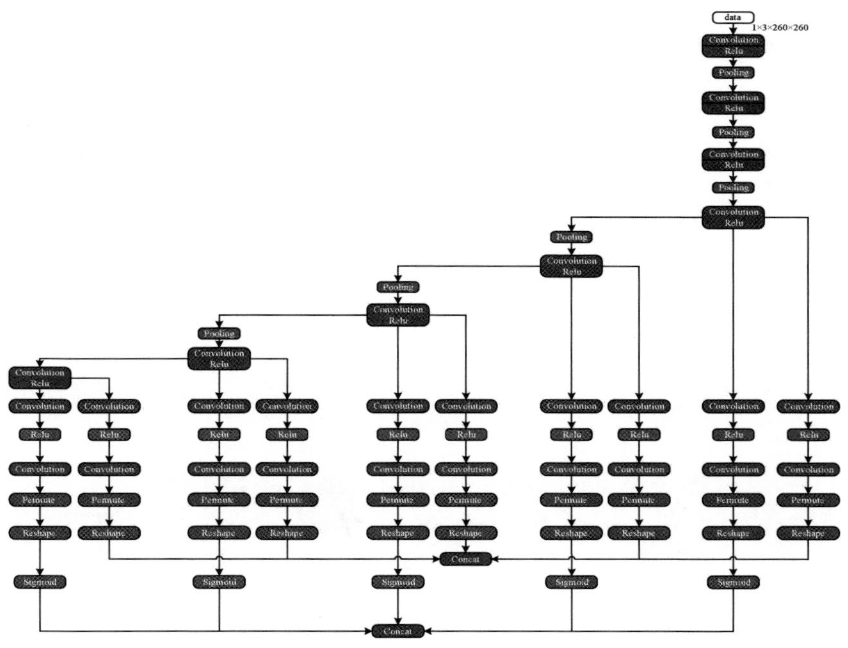

图 6-14　Pyramid anchor 算法网络结构图

图6-14彩图

针对在线口罩识别提出一种基于 anchor 的目标检测与 PyramidBox-Lite 轻量级模型相结合的方法。该方法首先利用摄像头获取视频流信息，将得到的视频流信息传入树莓派 4B 核心板进行目标检测，多功能 AI 扩展板对检测到的目标进行标定，经树莓派 4B 核心板和多功能 AI 扩展板处理后的视频图像信息，通过 TCP/IP 协议传输到 PC 终端。图像检测到的口罩佩戴情况会以百分比形式呈现在终端。

6.4.3 体温检测算法

MLX90614 是一款红外非接触式温度传感器。本项目选取此传感器，搭配 Arduino Nano 开发板使用。采用改进的经向基函数（Radial Basis Function，RBF）神经网络算法，结合本项目所用 Arduino Nano 开发板、MXL90614 确定 RBF 神经网络的隐层基函数的个数、中心向量及宽度，同时为提升模型泛化能力，提高红外温度传感器的温度检测精度，采用 BP 神经网络对检测温度进行温度补偿，以实现人体温度准确检测。红外体温检测算法网络结构如图 6-15 所示。

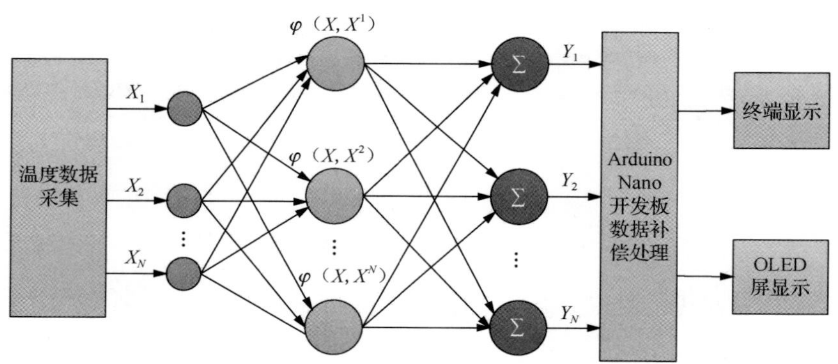

图 6-15　红外体温检测算法网络结构

温度检测流程如图 6-16 所示，首先温度传感器负责采集人体温度信息，并通过 Arduino Nano 开发板将温度信息显示到 OLED 屏上，根据显示的温度是否大于预设的阈值进行下一步。如果小于阈值直接进行下一次温度采集；否则将大于阈值的信息上报给树莓派 4B 核心板，多功能 AI 扩展板通过驱动蜂鸣器进行报警，并驱动舵机带动摄像头对人体的温度进行实时检测。

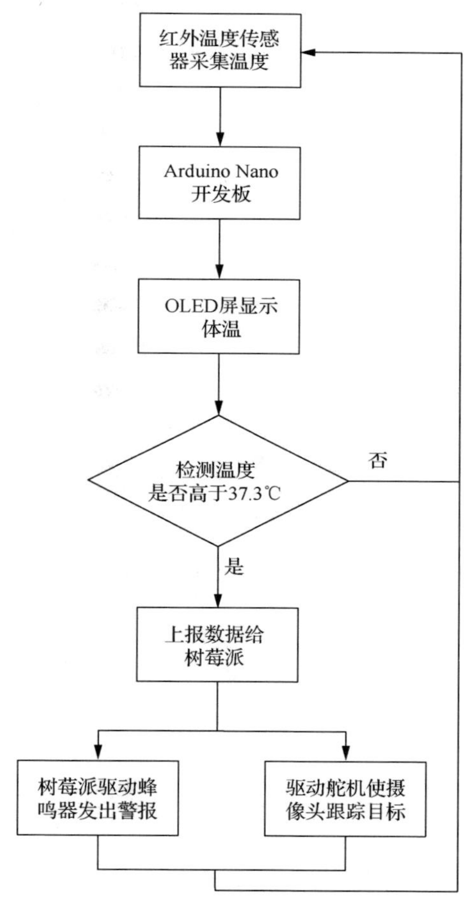

图 6-16　温度检测流程

6.4.4 目标检测算法

本章设计了一种改进的 Fast R-CNN 算法，该算法流程如图 6-17 所示。该算法分为 5 个阶段。

（1）第 1 阶段是将图像进行归一化处理，调整为 224 像素×224 像素的尺寸，并直接将原始图片送入网络。网络基础的结构为 conv+relu+pooling。

（2）第 2 阶段是对图片进行特征提取和池化处理，它将每个候选区域平均分成 *M*x*N* 个区块，并在每个区块中执行最大池化。将原始图片提取出来的特征图上大小不统一的候选区域转化为大小统一的数据之后， 送入下一层。

（3)）第 3 阶段是消除网络末尾部分，并在 ImageNet 上训练了一个 1000 级的分类器。得到的参数被用作相应层的初始化参数。

（4）第 4 阶段是对网络调整以及优化训练，首先，在每一个 mini-batch 中加入 N 张完整的原始图片，其次，再加入从 N 张图片中选取的 R 个候选框。

（5）第 5 阶段是将原始图片提取出来的特征输入到两个并行的全连接层中（称为 multi-task）。

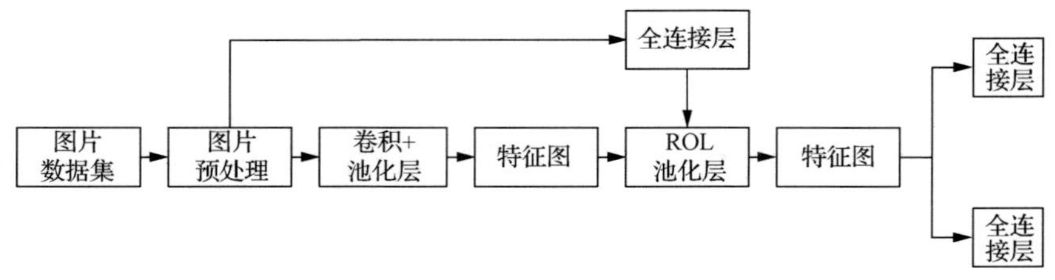

图 6-17　改进的 Fast R-CNN 算法流程

6.4.5　身份验证算法

本章运用了 OpenCV 结合 ResNet 的方法进行身份验证。图 6-18 为身份验证算法网络结构图，该网络设计规则如下。

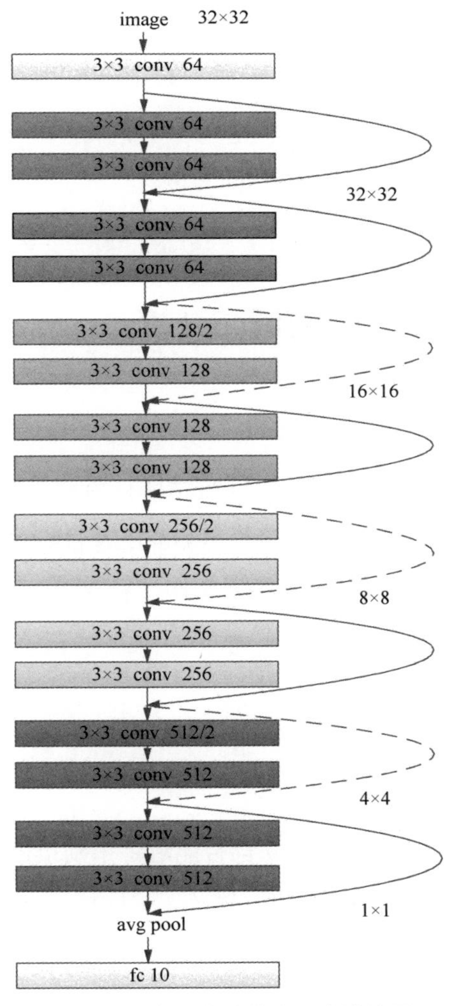

图 6-18　身份验证算法网络结构图

（1）对于输出 feature map 大小相同的层，有相同数量的滤波器（Filters），即维度（Channel）数相同。

（2）当 feature map 大小减半时（池化），滤波器数量翻倍。

（3）对于残差网络而言，维度匹配的 shortcut 连接为实线，否则为虚线。当维度不匹配时，同等映射有两种可选方案。第一种方案是直接通过 zero padding 来增加维度。第二种方案是在与矩阵 $\boldsymbol{W}$ 相乘后的新空间中查看。这个方案是通过直接适应 1×1 卷积中的滤波器数量来实现的，但这种适应会增加卷积网络的参数。

6.5　系统测试与分析

本章利用树莓派 4B 核心板搭建了 AI 疫情防控监测系统，通过硬件调试和软件仿真，口罩识别模型、体温检测算法、目标检测算法和身份验证算法的实验测试结果已完全满足体温检测和口罩识别等的测试要求。

6.5.1　监测系统样机

图 6-19 是监测系统样机实物图，视觉智能追踪识别机器人由摄像头、红外温度传感器、树莓派 4B 核心板、树莓派扩展板、Arduino Nano 开发板、支架、两个四自由度舵机和电源组成。

图6-19彩图

图 6-19　监测系统样机实物图

6.5.2　人体红外测温结果与数据分析

本章采用 MLX90614 红外温度传感器对行人进行体温检测，并将其搭载在 Arduino Nano 开发板上进行数据处理，将处理后的数据显示到 OLED12864 显示屏上。要将温度检测结果在树莓派的 PC 端进行显示，需要将编写的代码放在 Arduino 软件中进行编译，上传并打开串口监视器进行体温数据监测。图 6-20 是 Arduino 软件主页面，温度检测效果如图 6-21 所示。在 Arduino 软件的串口监视器中通过代码设置红外温度传感器每隔 1s 更新一次数据，其中第一行为提示信息，第二行为传感器外围温度，第三行为被测物体的实际温度。

在对温度检测的结果进行测试时，邀请了 10 位不同的志愿者进行体温检测，对系统的体温检测效果进行测试，并将系统测量得到的体温数据信息与水银体温计测量得到的体温数据信息进行对比，得到了表 6-3 的测量数据。

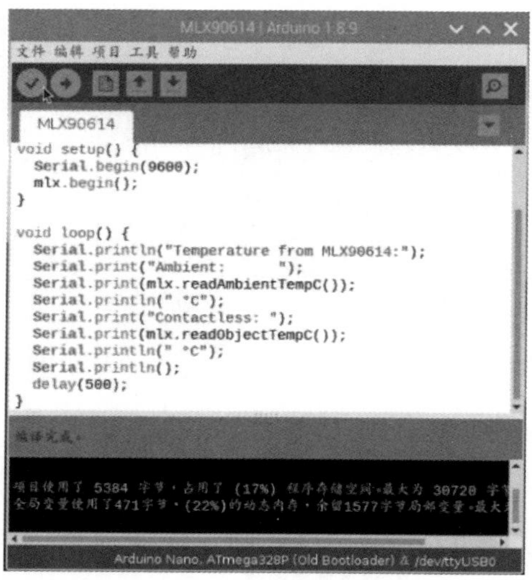

图6-20彩图

图 6-20　Arduino 软件主页面

图 6-21（a）彩图

（a）温度实测结果

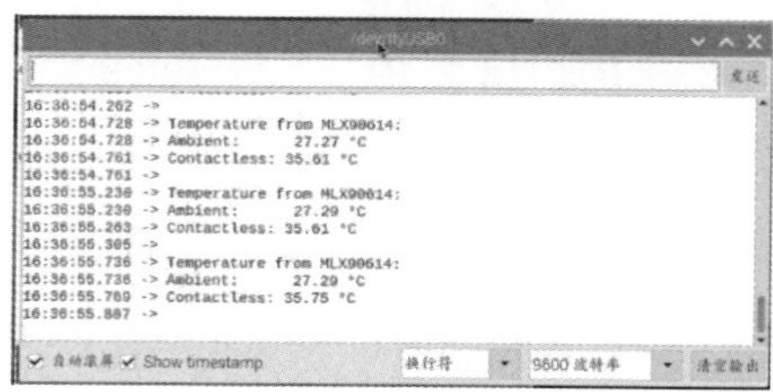

图 6-21（b）彩图

（b）串口监视器温度显示结果

图 6-21　温度检测效果

表 6-3　系统与水银体温计体温测量对比表

志愿者编号	系统测量温度/°C	水银体温计测量温度/°C	差值/°C
1	36.23	36.2	0.03
2	36.31	36.3	0.01
3	36.85	36.9	0.05
4	36.92	37.0	0.08
5	36.66	36.7	0.04
6	36.53	36.5	0.03
7	36.33	36.4	0.07
8	37.04	37.1	0.06
9	36.69	36.7	0.01
10	35.06	36.1	0.04

通过表 6-3 系统与水银体温计体温测量的对比可以分析出，系统测量的体温数据信息与水银体温计测量的体温数据信息的差值一直保持在±0.1℃以内。一般情况下，水银体温计的精度为 0.1℃，而本章设计系统的精度为 0.01℃，对人体温度的检测更加精准。就速度而言，水银体温计一般需要人手动花费 5～10min 的时间，才可以得到较为准确的体温数据，而本章设计的系统可以实现测温和得出体温数据基本同步，当 MLX90614 红外温度传感器在对人体体温进行检测的同时，该人体体温就会实时地出现在 OLED12864 显示屏和 Arduino 软件的串口监视器上。

为了测试当温度异常时该装置是否会发出警报，我们选择模拟出异常数据，即用手紧握住 MLX90614 红外温度传感器使其测量得到的温度超过人体正常温度，经过检测，警报功能够正常实现。温度异常测试结果如图 6-22 所示。

```
/dev/ttyUSB0
17:29:02.256 ->
17:29:02.722 -> Temperature from MLX90614:
17:29:02.722 -> Ambient:      26.71 °C
17:29:02.755 -> Contactless: 37.41 °C
17:29:02.755 ->
17:29:03.220 -> Temperature from MLX90614:
17:29:03.220 -> Ambient:      26.83 °C
17:29:03.264 -> Contactless: 38.05 °C
17:29:03.264 ->
17:29:03.746 -> Temperature from MLX90614:
17:29:03.746 -> Ambient:      26.87 °C
17:29:03.779 -> Contactless: 39.41 °C
17:29:03.779 ->
自动滚屏  Show timestamp  换行符  9600 波特
```

图 6-22　温度异常测试结果

6.5.3　人脸口罩检测结果与分析

人脸检测是各种人脸应用中的一项基本任务。本章设计了一种新的 Pyramid anchor 模型用于口罩（佩戴）检测。摄像头每隔 50ms 会将采集到的图像帧信息传输到树莓派上用于是否佩戴口罩的检测。树莓派要进行程序的运行，首先，需要先把程序编写完成并存放在树莓派的文件夹中，其次，需要进入树莓派的终端，最后，利用 Linux 命令在树莓派的终端进行切换目录、列出目录、代码查找和运行等操作。图 6-23 为树莓派终端窗口，口罩检测效果如图 6-24 所示。

图 6-23　树莓派终端窗口

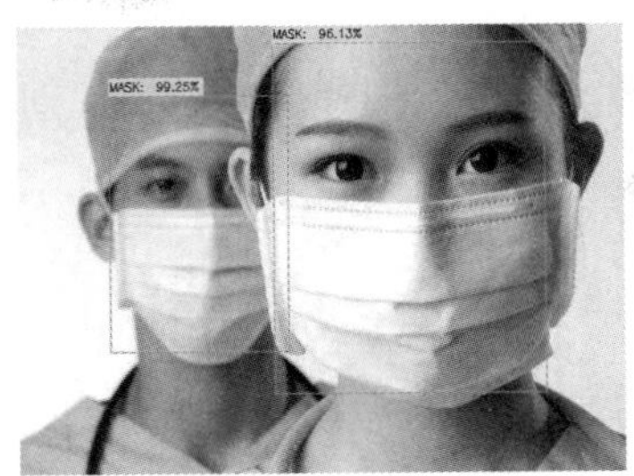

（a）效果显示 1

图 6-24（a）
彩图

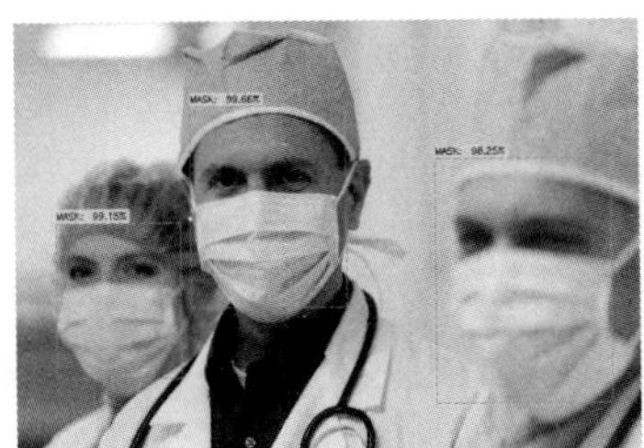

（b）效果显示 2

图 6-24（b）
彩图

（c）效果显示 3

图 6-24（c）
彩图

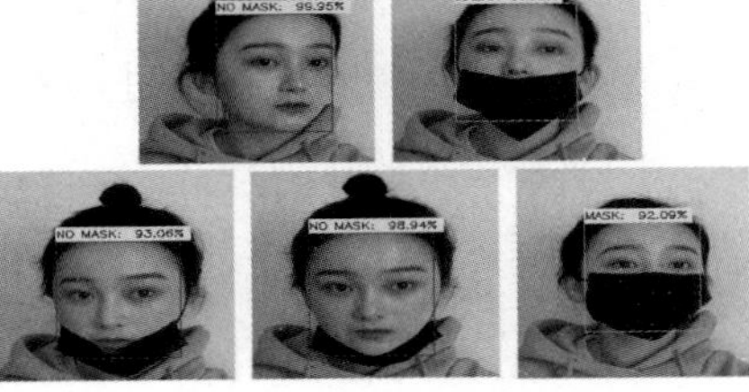

（d）效果显示 4

图 6-24（d）
彩图

图 6-24　口罩检测效果

图 6-24 是系统对所选数据集中的图片进行口罩识别，通过图 6-24 可以分析得出，当人脸正确佩戴口罩时，标记人脸的人脸框为绿色，且在人脸框的左上方打上 MASK 标签表示正确佩戴口罩；当人脸未佩戴口罩时，标记人脸的人脸框为红色，且在人脸框的左上方打上 NO MASK 标签表示未佩戴口罩，通过图 6-24（a）可以看出该系统可以准确识别人脸是否佩戴口罩，准确率高达 99.25%；通过图 6-24（b）可以看出当图片中包含不太清晰的人脸时，该系统也可以准确地识别出是否佩戴口罩，准确率为 98.25%；通过图 6-24（c）可以看出该系统可以同时检测出佩戴口罩和未佩戴口罩的情况；通过图 6-24（d）可以看出当佩戴口罩露出鼻子时，虽然也能检测到佩戴口罩，但准确率仅为 64.96%，说明此时虽然人脸佩戴了口罩，却并没有进行正确的佩戴，当佩戴口罩完全露出鼻子和嘴巴等关键部位时，检测到未佩戴口罩且准确率达到 98.94%，说明此种佩戴口罩的方式与未佩戴口罩并无区别，检测到未佩戴口罩的准确率达到 99.95%。综上所述，只有当佩戴口罩且准确率达到 90%以上，才可以认为是正确佩戴口罩了。

使用摄像机对周围环境进行实时监测，当人脸进入摄像头的监测范围的时候，摄像头会自动进行人脸捕捉并对其捕捉到的人脸进行口罩佩戴识别的实时监测和标记，图 6-25 是口罩佩戴识别实时监测效果图。

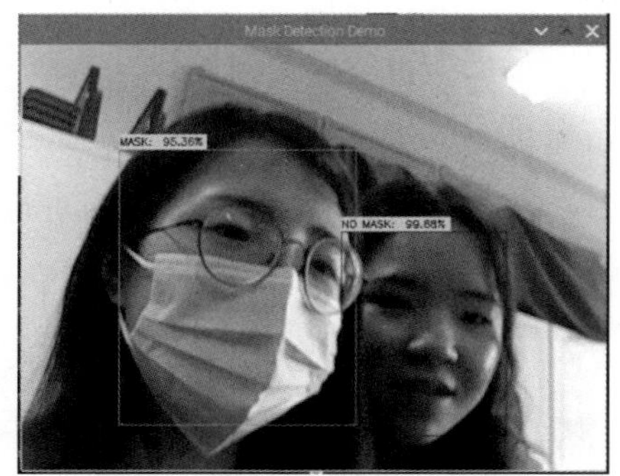

（a）效果显示 1

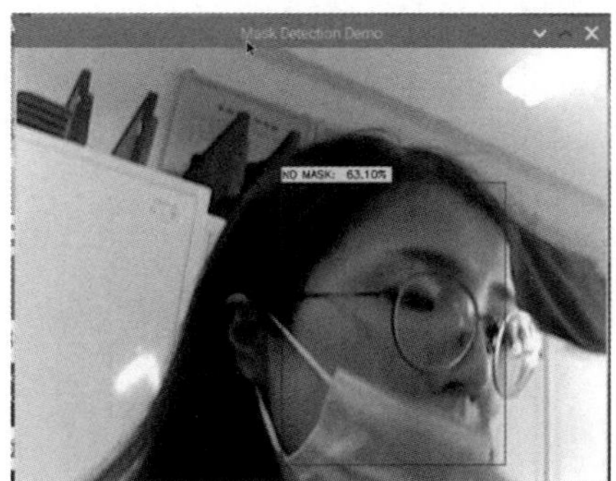

（b）效果显示 2

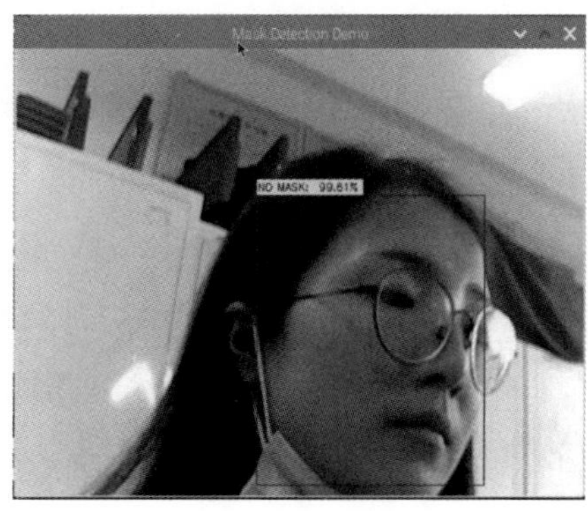

（c）效果显示 3

图 6-25 口罩佩戴识别实时监测效果图

通过图 6-25 可以看出，当进入摄像头监测范围的人脸是动态时，系统也可以对进入监测范围的人脸是否佩戴口罩进行比较准确的识别，通过图 6-25（a）可以观察到，左边人脸用绿色框进行标记，并在人脸框的左上方打上 MASK 标签表示正确佩戴口罩，显示佩戴口罩的准确率为 95.36%，右边人脸用红色框进行标记，并在人脸框的左上方打上 NO MASK 标签表示未佩戴口罩，显示未佩戴口罩准确率为 99.68%。通过图 6-25（b）和图 6-25（c）可以看出，未对口罩进行正确佩戴，即当佩戴口罩却露出口鼻时，该系统对人进行口罩佩戴检测会在左上角显示 NO MASK 并显示准确率。当露出鼻子时，未佩戴口罩准确率为 63.10%，即代表此人没有正确进行口罩佩戴；当口鼻全部暴露出来时，未佩戴口罩准确率为 99.61%，即代表此人没有佩戴口罩，且当摄像头监测范围内出现未佩戴口罩的人时，会出现语音提示，提醒未佩戴口罩的人进行口罩佩戴。

6.5.4 目标检测算法实现

目标检测算法添加 FPN，使模型可以处理不同尺寸的输入，同时使用利用 CNN 卷积操作后的特征图生成 region proposals，Fast R-CNN 模型会自动对目标物体打上标签，从而实现只提取一次完成的图像，由于 Fast R-CNN 分离的 region proposals 和 CNN 分类融合到了一起，使用端到端的网络进行目标检测，无论在速度上还是在精度上都得到了不错的提高。从效果图可以看出该算法不仅能够捕捉到较大的汽车，而且对于较小的行人、动物及其他物体也能够很好地进行识别。目标检测效果如图 6-26 所示。

（a）效果显示 1

图 6-26（b）
彩图

（b）效果显示 2

（c）效果显示 3

（d）效果显示 4

图 6-26　目标检测效果

图 6-26 是系统对所选数据集中的图片进行目标检测的结果，通过图 6-26（a）可以看出该系统能够检测出静止的人，并在左上角标记出 person 以及目标检测的准确率，其准确率最高可达 99.9%，当人在图片中的画面不完整时，准确率为 93.6%。通过图 6-26（b）以及图 6-26（c）可以看出该系统目标检测可以检测出正在过马路的行人以及骑着摩托车的人，并在左上角标记出 person 和目标检测的准确率。当行人完整出现在图片中的时候，准确率可以达到 85.4%，当行人在图片中的画面不完整时，其准确率只有 58.4%，当人在骑摩托车时，准确率为 83.5%，也可以检测到正在行驶的汽车、巴士以及摩托车，在检测框的左上角标记 car、bus 和 motorbike 以及各自的准确率，汽车的准确率可以高达 99.9%，但是当汽车在图片中出现的画面不完整时，其准确率也可以达到 97.6%，巴士的准确率为 99.9%，摩托车的准确率为 89.3%。通过图 6-26（d）可以看出该系统的目标检测可以检测到动物，也可以检测到远处的物体，并且在左上角标记出 dog 和 car 以及目标检测的准确率，其对动物的检测准确率为 99.7%，对于远处汽车的准确率为 99.6%。综上所述，该系统目标检测算法不仅能够捕捉到较大的物体，如汽车、巴士等，而且对于较小的行人、动物以及其他物体也能够很好地进行识别，并且对每一个检测到的目标，都会在检测框的上方出现标签，用来表示出该检测目标的种类或者名称，并且出现该物体目标检测的准确率。

6.5.5 身份验证算法实现

本章采用 OpenCV 结合 ResNet 的方法进行身份验证，第一步，运行 dataRecord.py 实现人脸信息采集，通过弹出来的窗口，开始按步骤完成人脸数据信息采集，首先需要初始化数据库，点击增加用户/修改用户资料，填写个人信息，然后打开外接摄像头，进行采集人脸数据样本，当采集结束后，先结束人脸信息采集并把新采集到的人脸数据样本以及填写的个人信息同步到人脸信息数据库并进行确认。另外，当采集的帧数比较少的时候，在系统对人脸数据信息采集时花费的时间会很少，但是容易在身份验证时产生较大的误差或者在身份验证时花费更多的时间；当采集的帧数较多时，在身份验证时可以更加精准的验证，但是在系统进行人脸数据采集时，会花费更多的时间。一般情况下，要加入一个新用户的身份信息和人脸数据信息，系统对人脸数据采集的次数一般保持在 120 帧左右会比较合适，采集人脸数据信息的时间不用过长，也能够准确地进行身份验证。图 6-27 是个人信息登记图，图 6-28 是人脸采集效果图。将个人信息和采集到的人脸数据信息都同步到数据库之后，停止 dataRecord.py 的运行。

第二步，运行 dataManage.py 实现人脸数据的训练，首先系统会弹出人脸数据库的窗口，刷新数据库，可以看到数据库存储的用户信息，每一个用户都有相对应的个人信息、人脸数据信息录入的时间以及专属的 Face ID，当 Face ID 为-1 时说明该用户的人脸数据没有被训练，即此时对该人脸进行身份验证无效。然后，将加入数据库的新用户对应的未被训练的人脸数据信息，在训练数据中选择直方图均衡化并开始训练，当训练完成后，会出现训练完成提示，此时新加入人脸数据信息的 Face ID 会从-1 变为专属的 Face ID。图 6-29 是人脸数据库，图 6-30 是新用户训练完成提示图，图 6-31 是新用户训练完成图。

图 6-27（a）
彩图

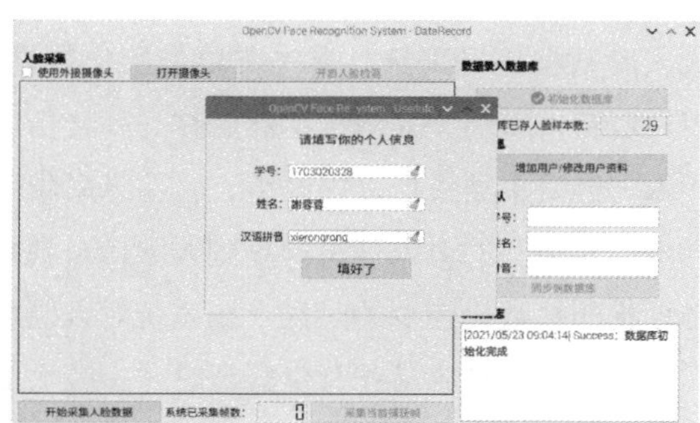

（a）个人信息 1

图 6-27（b）
彩图

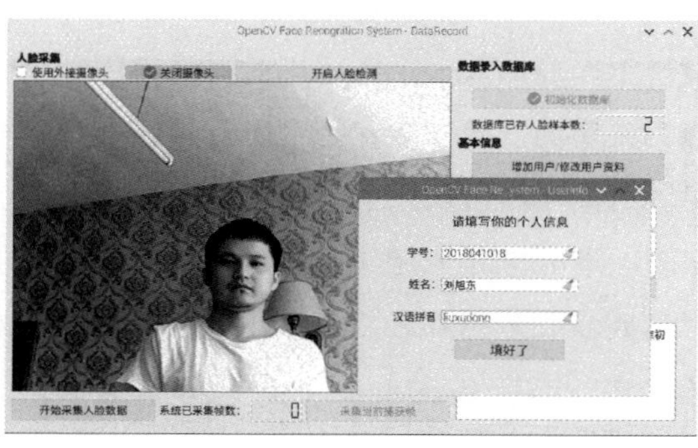

（b）个人信息 2

图 6-27　个人信息登记图

图 6-28
彩图

图 6-28　人脸采集效果图

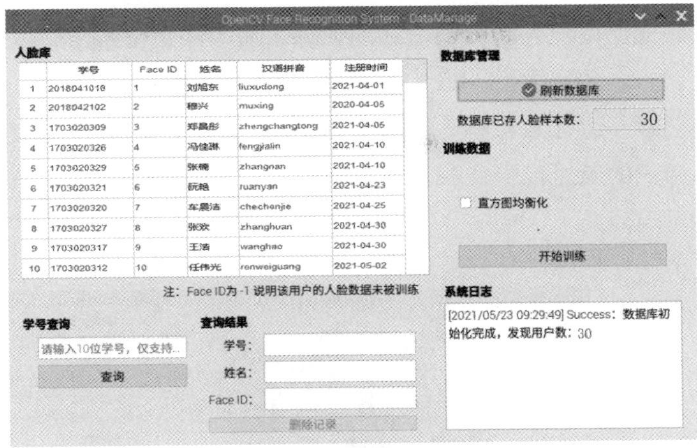

图 6-29　人脸数据库

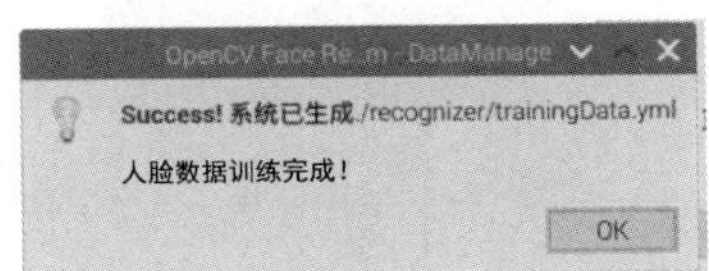

图 6-30　新用户训练完成提示图

图 6-31　新用户训练完成图

在完成新用户人脸数据信息的训练之后，停止 dataManage.py 的运行。

第三步，运行 core.py，在系统弹出窗口后，开启外接摄像头，将新训练用户的脸对准摄像头，便可以进行身份验证。身份验证效果如图 6-32 所示。

（a）结果显示 1

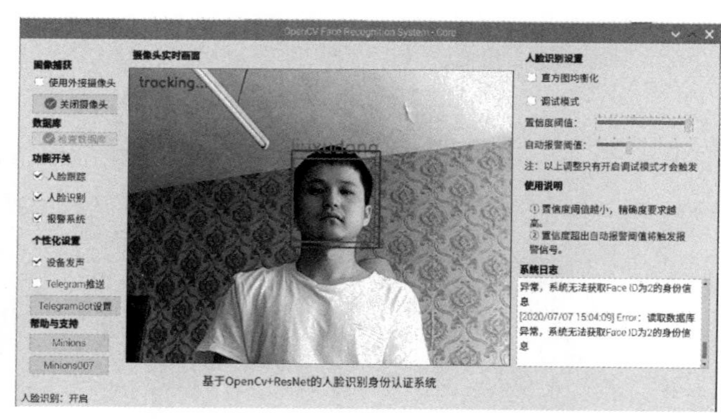

（b）结果显示 2

图 6-32　身份验证效果

通过图 6-32（a）和图 6-32（b）可以看出该系统身份验证的测试结果是准确的，当人脸静止不动时，身份验证会更加快速准确，并对人脸信息进行标记；当人脸发生移动时，屏幕上会显示追踪人脸的提示，即 tracking，并对人脸信息进行标记，通过对身份认证结果的测试，该系统可以快速准确地识别已加入数据库中的人脸数据信息，进行身份验证，并在左上角标记出该人脸所对应名字的汉语拼音。

经过以上实验结果的测试与分析发现，随着 MLX90614 红外温度传感器工作时间的加长，传感器自身的温度会升高，会对外界环境温度有一些影响；当进行口罩识别及人脸识别时，由于人脸在不停地移动，系统的测试结果会比人脸静止时花费的时间多一点儿，也会造成测试结果的误差；当系统使用的摄像头像素不够高时，画面过度模糊也会对测试结果产生很大的影响。

6.6　本 章 小 结

自动口罩检测与体温检测是一种新的代替人工的检测方式，因其具有实时性、节省人力成本、检测范围大等优势，弥补了传统的人工检测耗时费力、检测范围局限性的缺陷。本章搭建的 AI 疫情防控监测系统实现了人脸佩戴口罩的动态检测、体温检测、身份验证、目标检测等功能。在疫情或其他传染病高发的时期，可以将装置放置在商场、地铁入口等人流量较大的场所，对检测范围内的人群进行体温测量、佩戴口罩的检测，可以有效地节省人力成本，提高检测效率，具有重要的研究意义和广阔的应用前景。实验测试及现场实测结果表明该系统可以实现体温检测、口罩识别、目标检测以及身份验证功能，充分体现了该装置的实际应用价值，实现了预期设计目标。

结　　论

本书根据热辐射理论和红外辐射测温原理，对比色精确测温技术进行了深入的理论和应用研究，完成的主要工作和结论如下。

（1）根据热辐射理论和红外辐射测温原理，系统分析了各种因素对红外辐射测温的影响，给出了被测物体表面发射率、吸收率、大气透过率、环境温度和大气温度误差对测温误差影响的关系。发射率偏离 0.1 时，对于 3～5μm 红外热像仪来说，测温结果偏离真实温度 0.76～0.89℃；对于 8～14μm 红外热像仪来说，测温结果偏离真实温度 1.56～1.87℃。精确温度测量因素的分析结果对提高热像仪的测温精度及降低测温误差都具有重要的意义。

（2）建立了红外辐射测温模型。通过研究被测物体表面的发射率、反射率和透射率，并结合红外物理中的三大辐射定律得到被测物体表面的有效辐射。提出热像仪辐射温度场转变为真实温度场的模型，进行发射率补偿方法研究。提出了红外热像仪外场精确测温方法，进行了大气透过率的二次标定，利用二次修正系数对未知辐射源测量值进行修正，准确测量出未知辐射源目标的辐射温度。实验结果表明黑体设置温度从 50℃（二次大气透过率近似为 1）不断升高，大气二次透过率修正系数在 50～100℃范围内迅速下降，在 100～200℃范围内下降趋势逐渐减缓，逐渐接近于一个约为 0.7 的常数。

（3）为实现中低温（50～400℃）物体温度的精确测量，利用双波段比色测温技术，搭建了双波段比色测温实验系统。在国防科技工业光学一级计量站的现有条件下，首先对实验系统所用的实验器件进行了精确标定，得到拟合曲线，采用多种插值算法对曲线进行校正。然后，用面源黑体对宽波段比色测温实验系统进行校准，用设定温度的面源黑体作为实验目标完成了标定实验数据的采集，完成了测温系统的标定工作。实验结果表明：搭建的双波段实验系统不需要知道目标发射率，也能较为精确地得到中低温物体的真实温度。当系统标定置信度为 0.95 时，物体的标准偏差在 3℃以内。根据数据分析标定实验系统，保证测温系统的稳定性和精确度。

（4）利用搭建的宽波段比色测温系统实测了水、燃烧的蜡烛、可控温电热炉等的温度，实验测试结果验证了宽波段比色测温系统的实用性和准确性，为中低温物体温度测量提供了一种有效的方法。

（5）搭建的 AI 疫情防控监测系统采用 MLX90614 红外温度传感器对行人进行体温检测，并将其搭载在 Arduino Nano 开发板上进行数据处理，将处理后的数据显示到 OLED12864 显示屏上，实验测试结果表明红外测温准确率可达 99.7%。利用 PyramidBox 模型与 anchor 框架相结合的轻量级算法，可以迅速地检测行人是否佩戴口罩，检测显示佩戴口罩的准确率可达 99.82%。

本书完成的主要创新性工作如下。

（1）提出了一种考虑背景辐射等影响的辐射测温模型，模型中考虑了热像仪镜头对测温的影响。通过研究被测物体表面的发射率、反射率和透射率，并结合三大辐射定律得到被测物体表面的有效辐射，精确温度测量因素的分析结果对提高热像仪的测温精度及降低测温误差都具有重要的意义。该模型提高了热像仪的测温精度，实验结果验证了该模型的有效性。

（2）提出了一种对大气透过率进行二次外场标定的方法，利用二次修正系数对未知辐射源测量值进行修正，准确测量出未知辐射源目标的辐射温度。利用该标定结果可以提高红外热像仪的外场测温精度。

（3）提出了利用双波段比色精确测温技术，搭建了宽波段比色测温系统，为中低温（50～400℃）物体温度的精确测量提供了一种有效的途径。

（4）提出了一种将 PyramidBox 模型与 anchor 框架结合的轻量级算法，可以迅速地检测行人是否佩戴口罩，利用 Arduino Nano 开发板驱动 MLX90614 红外温度传感器对检测区域内的行人进行实时体温检测，测温准确率可达 99.7%。

尽管红外辐射温度的测量技术发展迅速，但由于红外辐射测温受多种因素的影响，至今仍然是一个未成熟的领域，尚有许多问题亟待解决。

（1）为了解决辐射测温技术只能测出辐射温度分布这一问题，需要继续研究开发热辐射特性测试系统，利用其不仅可以方便地测定物体表面的真实温度分布，同时还能给出物体表面的发射率分布。对红外比色测温系统，进行实际温度测量实验。

（2）本书提出的红外辐射测温模型、相关理论及精确测温技术研究等尚需在实际温度测量系统中进行验证。

（3）还需对红外辐射测温模型结构及精确测温算法进行进一步的优化，提高模型的收敛速度及收敛精度。

（4）在温度测量方面，尤其是辐射测温，精度是基本的要求，高精确度的温度测量不仅在科学研究方面受到青睐，在工农业等方面更受到重视，高精确度温度控制可以提高生产效率、降低成本等。而本书的宽波段比色测温实验系统受到条件的限制，在温度精确度方面还有所欠缺，需在以后的研究中改进，以完善宽波段比色测温的仪器，并应用到工农业生产、食品检测等与人们生活息息相关的领域。

参考文献

[1] 戴景民. 多光谱辐射测温技术研究[D]. 哈尔滨: 哈尔滨工业大学, 1995.

[2] 王魁汉, 等. 温度测量实用技术[M]. 北京: 机械工业出版社, 2007.

[3] 杨永军. 温度测量技术现状和发展概述[J]. 计测技术, 2009, 29(4): 62-65.

[4] 杨永军. 温度测量技术发展与应用专题(二) 温度量值溯源体系现状和发展[J]. 计测技术, 2009, 29(5): 58-61.

[5] 王文革. 辐射测温技术综述[J]. 宇航计测技术, 2005, 25(4): 20-24.

[6] 李云红. 基于红外热像仪的温度测量技术及其应用研究[D]. 哈尔滨: 哈尔滨工业大学, 2010.

[7] 戴景民. 辐射测温的发展现状与展望[J]. 自动化技术与应用, 2004, 23(3): 1-7.

[8] 张济培. 温度计量技术进展近况[J]. 上海计量测试, 2002, 29(1): 4-6.

[9] 孙晓刚, 李云红. 红外热像仪测温技术发展综述[J]. 激光与红外, 2008, 38(2): 101-104.

[10] 李云红, 孙晓刚, 原桂彬. 红外热像仪精确测温技术[J]. 光学精密工程, 2007, 15(9): 1336-1341.

[11] 李云红, 张龙, 王延年. 红外热像仪外场测温的大气透过率二次标定[J]. 光学精密工程, 2010, 18(10): 2143-2148.

[12] 范书彦. 红外辐射测温精度与误差分析[D]. 长春: 长春理工大学, 2006.

[13] 原遵东, 段宇宁, 王铁军, 等. 发射率设定值不为 1 的辐射温度计的校准[J]. 计量技术, 2007(5): 43-46.

[14] 王文革. 固定发射率辐射温度计校准中的温度修正计算方法[J]. 宇航计测技术, 2006, 26(2): 17-23.

[15] 朱德忠, 顾毓沁, 晋宏师, 等, 电子器件真实温度和发射率分布的红外测量[J]. 红外技术, 2000, 22(1): 45-48.

[16] 李操. 测温红外热像仪测温精度与外界环境影响的关系研究[D]. 长春: 长春理工大学, 2008.

[17] BAUER W, MOLDENHUAER A. Emissivities of ceramics for temperature measurements[J]. Proceedings of SPIE, 2004(5405): 13-24.

[18] 吕游，杨波，魏仲慧，等. 大气与环境影响分析的红外比色测温方法[J]. 红外与激光工程, 2015, 44(8): 2309-2314.

[19] 朱剑华. 基于比色测温的高能毁伤爆炸场瞬态高温测试[D]. 太原：中北大学, 2011.

[20] 王丹. 高能束流焊接温度场的测量研究[D]. 武汉：华中科技大学, 2007.

[21] 冯文婧. 中红外比色高温测量系统的研制[D]. 哈尔滨：哈尔滨工业大学, 2010.

[22] 张维克. 爆炸场温度的多谱线测试方法研究[D]. 南京：南京理工大学, 2009.

[23] 阳富强. 硫化矿石堆自燃预测预报技术研究[D]. 长沙：中南大学, 2007.

[24] 朱泽忠，沈华，王念，等. 基于光谱发射率函数基形式不变的辐射测温技术[J]. 光谱学与光谱分析, 2017, 37(3): 685-691.

[25] 由富恩，张存芳，付乐勇. 辐射测温仪原理及其检定[M]. 北京：中国计量出版社, 1990.

[26] 马东栋. 基于红外/可见光技术的辐射测温技术研究[D]. 哈尔滨：哈尔滨工业大学, 2011.

[27] 李而明. 辐射测温与 1990 年国际温标[J]. 计量技术, 1992(5): 23-25.

[28] 戴景民，等. 多光谱辐射测温理论与应用[M]. 北京：高等教育出版社, 2002.

[29] MAZIKOWSKI A, GNYBA M. Experimental verification of multiband system for non-contact temperature measurements[J]. Proceedings of SPIE, 2003(5258): 198-201.

[30] FU T R, CHENG X F, ZHONG M H, et al. Relationship between temperature range and wavelength bandwidth for multi band pyrometry[J]. Editorial board of spectroscopy and spectral analysis, 2008, 9(28): 1994-1997.

[31] MAZIKOWSKI A, CHRZANOWSKI K. Non-contact multiband method for emissivity measurement[J]. Infrared Physics and Technology, 2003, 44(2): 91-99.

[32] PU R L, GONG P, MICHISHITA R, et al. Assessment of multi-resolution and multi-sensor data for urban surface temperature retrieval[J]. Remote sensing of environment, 2006(104): 211-225.

[33] 金钊, 萧鹏, 戴景民. 固体推进剂火箭发动机羽焰温度诊断的遗传算法研究[J]. 燃烧科学与技术, 2006, 12(3): 213-216.

[34] 孙晓刚, 原桂彬, 戴景民. 基于遗传神经网络的多光谱辐射测温法[J]. 光谱学与光谱分析, 2007, 27(2): 213-216.

[35] 李云红, 孙晓刚, 廉继红. 红外热像系统性能测试研究[J]. 红外与激光工程, 2008, 37(S2): 458-462.

[36] SUN K, SUN X G, YU X Y, et al. Development of multi-spectral thermometer for explosion flame true temperature measurement: field experiments and measurement accuracy analysis[J]. Spectroscopy and spectral analysis, 2013, 33(6): 1719-1722.

[37] 李云红, 马蓉, 张恒, 等. 双波段比色精确测温技术[J]. 红外与激光工程, 2015, 44(1): 27-35.

[38] XING J, CUI S L, QI W G, et al. A data processing algorithm for multi-wavelength pyrometry-which does not need to assume the emissivity model in advance[J]. Measurement, 2015 (67): 92-98.

[39] 张磊. 基于光谱识别的多光谱测温技术研究[D]. 哈尔滨: 哈尔滨工业大学, 2016.

[40] 张福才, 孙晓刚, 孙博君, 等. 基于发射率温差模型的多光谱辐射测温理论研究[J]. 光谱学与光谱分析, 2017, 37(9): 2657-2661.

[41] 张福才, 孙博君, 孙晓刚. 单目标极小值优化法的多波长真温反演研究[J]. 红外与激光工程, 2019, 48(2): 276-281.

[42] 张福才, 孙博君, 孙晓刚. 基于多目标极值优化法的多光谱真温反演[J]. 光学学报, 2019, 39(2): 208-213.

[43] 陈建. 基于 CMOS 图像传感器的多光谱色温测量系统研制[D]. 西安: 中国科学院研究生院（西安光学精密机械研究所）, 2007.

[44] 马金宝. 十波长辐射高温计的研制[D]. 哈尔滨: 哈尔滨工业大学, 2006.

[45] RENTA J H, MANSUR D, VAILLANCOURT R, et al. Two-band infrared thermographer for standoff temperature measurements[J]. Proceedings of SPIE, 2005(6010): 1-8.

[46] 赵玉刚, 杨帆, 周维芳. 基于比色测温的温度场测量技术研究[J]. 微计算机信息, 2008, 24(8): 298-299.

[47] 邢冀川, 刘广荣, 金伟其, 等. 双波段比色测温方法及其分析[J]. 红外技术, 2002, 24(6): 73-76.

[48] 李亚梅. 比色测温系统的实现[J]. 中国民航飞行学院学报, 2010, 21(4): 41-42.

[49] 徐宝昌, 张丁元. 一种改进的比色测温方法研究[J]. 光电工程, 2011, 38(4): 1-6.

[50] 刘纯红, 王鹏, 夏需堂, 等. 比色测温理论中带宽对测量误差影响的研究[J]. 大气与环境光学学报, 2011, 6(3): 240-242.

[51] 戴锋, 吴凡, 黄启俊, 等. 内调制多色比色测温系统[J]. 光电工程, 2005, 32(10): 74-76.

[52] 熊伟, 杨宣东, 何民才, 等. 光栅棱镜内调制比色测温仪研究[J]. 半导体光电, 2001, 22(6): 454-456.

[53] 王磊. 基于辐射测温理论的比色测温仪的研究[D]. 哈尔滨: 哈尔滨理工大学, 2019.

[54] KIRILLOV V M, SKVORTSOV L A . Application of two-colour pyrometry for measuring the surface temperature of a body activated by laser pulses[J]. Quantum electronics, 2006, 36(8): 797-800.

[55] YAMAZAKI K, YAMAMOTO E, SUZUKI K, et al. Measurement of surface temperature of weld pools by infrared two-colour pyrometry[J]. Science and technology of welding and joining, 2010, 15(1): 40-47.

[56] 黄启俊, 孙平, 陈洲, 等. 一种新的多色比色测温方法及系统实现[J]. 光电子技术, 2006, 26(2): 106-109.

[57] YAMAZAKI K, YAMAMOTO E, SUZUKI K, et al. The measurement of metal droplet temperature in GMA welding by infrared two-colour pyrometry[J]. Welding international, 2010, 24(2): 81-87.

[58] 蔡毅，潘顺臣．红外技术在未来军事技术中的地位和作用[J]．红外技术，1999, 21(3): 1-7.

[59] 刘鑫．CCO 和红外热像仪相结合的环轧件表面温度测量方法研究[D]．秦皇岛：燕山大学, 2022.

[60] 田裕鹏．红外检测与诊断技术[M]．北京：化学工业出版社, 2006.

[61] 全球第一台采用 640×480 像素非制冷微热量型探测器的便携式红外热像仪：ThermaCAM^{TM} P640 新产品发布[J]．中国仪器仪表, 2006(7): 89.

[62] WRIGHT T, MCGECHAN A. Breast cancer: new technologies for risk assessment and diagnosis[J]. Molecular diagnosis, 2003, 7(1): 49-55.

[63] PARISKY Y R, SARDI A, HAMM R, et al. Efficacy of computerized infraced imaging analysis to evaluate mammographically suspicious lesions[J]. American journal of roentgenology, 2003, 180(1): 263-269.

[64] KJTAYA Y, KAWAIM M, TSURUYAMA J, et al. The effect of gravity on surface temperatures of plant leaves[J]. Plant, cell and environment, 2003, 26: 497-503.

[65] MUSTILLI A-C, MERLOT S, VAVASSEUR A, et al. Arabidopsis OSTI protein kinase mediates the regulation of stomatal aperture by abscisic acid and acts upstream of reactive oxygen species production[J]. The plant cell, 2002(14): 3089-3099.

[66] MERLOT S, MUSTILLI A-C, CENTY B, et al . Use of infrared thermal imaging to isolate Arabidopsis mutants defective in stomatal regulation[J]. The plant journal, 2002, 30(4): 601-609.

[67] CHIANG H K, CHEN C Y, CHENG H Y, et al. Development of infrared thermal imager for dry eye diagnosis[J]. Proceedings of SPIE, 2006(6294): 1-8.

[68] BAI, L F, CHEN Q, LEI C, et al. New technique for infrared thermal image processing combined time domain with space domain[J]. Proceedings of SPIE, 2000(4130): 21-27.

[69] ZHANG Y H, TAN G Y, LIU G J. Thermal imaging experimental research on temperature field for milling insert[J]. Key engineering materials, 2009, 392-394;924-928.

[70] CUI L L, AN L Q, MAO L T, et al. Application of infrared thermal testing and mathematical models for studying the temperature distributions of the high-speed waterjet[J]. Journal of materials processing technology, 2009, 209(9): 4360-4365.

[71] LIU W M, CHEN M X, LIU S. Ceramic packaging by localized induction heating[J]. Nanotechnology and Precision Engineering, 2009, 7(4): 365-369.

[72] ZHANG J Q, WANG X R, HU F M. TOD performance theoretical model for scanning infrared imagers[J]. Infrared Physics & Technology, 2006,48(1): 32-38.

[73] CHAERLE L, VAN DER STRAETEN D. Imaging techniques and the early detection of plant stress[J] . Trends in plant science, 2000,5(11): 495-501.

[74] PEARCE R S, FULLER M P. Freezing of barley studied by infrared video thermography[J]. Plant physiology, 2001, 125(1): 227-240.

[75] LINKE M, BEUCHE H, GEYER M, et al. Possibilities and limits of the use of thermography for the examination of horticultural products[J]. Agrartechnische forschung, 2000, 6(2): 110-114.

[76] MORAN M S. Thermal infrared measurement as an indicator of plant ecosystem health[M]. Florida: CRC Press, 2004.

[77] DATTOMA V, MARCUCCIO R, PAPPALETTERE C, et al. Thermography investigation of sandwich structure made of composite material[J] . NDT& E International, 2001, 34(8): 515-520.

[78] GIRINZATO E, BISON P G, MARINETTI S, et al. Thermal NDE enhanced by 3D numerical modeling applied to works of art [J]. Insight, 2001, 43(4): 254-259.

[79] LUONG M P. Nondestructive damage evaluation of reinforced concrete structure using infrared thermography[J]. Proceedings of SPIE, 2000, 3993. 98-107.

[80] 梅林，陈自强，王裕文，等. 脉冲加热红外热成像无损检测的有限元模拟及分析[J]. 西安交通大学学报, 2000, 34(1): 66-70.

[81] 张冠华，黄炜. 红外热成像测温技术在金属机械加工方面的应用[J]. 红外与激光工程, 2001, 30(1): 74-78.

[82] 孙格靓，李建保，王厚亮，等. 碳纤维增强混凝土构件破坏过程的动态红外监测[J]. 红外技术, 2001, 23(1): 39-43.

[83] MOROPOULOU A, KOUI M, AVDELIDIS N P. Infrared thermography as an NDT tool in the evaluation of materials and techniques for the protection of historic monuments methods in the assessment of concrete and masonry structures[J]. Insight, 2000, 42(6): 379-383.

[84] 杨红，何建宏，喻娅君. 红外热像仪及其在建筑节能检测中的应用[J]. 保温材料与建筑节能, 2003, 4: 50-51.

[85] 刘新业，常大定，欧阳伦多. 红外热成像在电气设备维护中的应用[J]. 红外与激光工程, 2002, 31(3): 220-224.

[86] 丘必养. 红外成像测温技术在变电站设备巡视中的应用[J]. 农村电工，2004(6): 26.

[87] 李德刚. 红外诊断技术在电气设备状态检测中的研究与应用[D]. 济南：山东大学, 2010.

[88] MUSHKIN A, BALICK L K. Gillespie A R. Extending surface temperature and emissivity retrieval to the mid-infrared (3-5 μm) using the Multispectral Thermal Imager (MTI)[J]. Remote sensing of environment, 2005, 98(2/3): 141-151.

[89] Guo Z Q, Yang J. Wavelet transform image fusion based on regional variance [J]. Proceeding of SPIE, 2007(6790): 1-6.

[90] SOBRINO J A, ROMAGUERA M. Land surface temperature retrieval from MSG1-SEVIRI data[J]. Remote sensing of environment, 2004, 92(2): 247-254.

[91] BALICK L K, RODGER A P, CLODIUS W B. Multispectral thermal imager land surface temperature retrieval framework [J]. Proceedings. of SPIE, 2004(5232): 409-509.

[92] 张浩，徐海松. 光源相关色温算法的比较研究[J]. 光学仪器，2006，28(1): 54-58.

[93] 许猛. 落管中辐射测温系统的设计与研究[D]. 西安：西北工业大学, 2007.

[94] 王磊. 前置腔体辐射测温的研究[D]. 北京：北方工业大学, 2008.

[95] RUSU E, RUSU G, DOROHOI D O. Influence of temperature on structures of polymers with epsilon-caprolactam units studied by FT-IR spectroscopy[J]. Polimery, 2009, 54(5): 347-352.

[96] HORNY N. FPA camera standardization[J]. Infrared physics & technology. 2003, 44: 109-119

[97] MERCHANT C J, EMBURY O, BORGNE P L, et al. Saharan dust in night time thermal imagery: Detection and reduction of related biases in retrieved sea surface temperature[J]. Remote sensing of environment, 2006, 104(1): 15-30.

[98] 王晓蕊. 红外焦平面成像系统建模及 TOD 性能表征方法研究[D]. 西安: 西安电子科技大学, 2005.

[99] 李旭东, 冯爱国, 周新妮, 等. 外场用红外目标模拟器辐射特性测量研究[J]. 应用光学, 2010, 31(2): 252-255.

[100] 冯驰, 马东栋, 李康. 红外辐射光转换系统在温度测量中的应用[J]. 仪表技术与传感器, 2011, 9: 83-88.

[101] FRISH M B, WAINNER R T, LADERER M C, et al. Standoff and miniature chemical vapor detectors based on tunable diode laser ab-sorption spectroscopy[J]. IEEE sensors journal, 2010, 10(3): 639 -646.

[102] JONHSTON J S. Editorial in special issues on temperature[J]. Measurement and Control, 1987, 20(5).

[103] AZAMI T, NAKAMURA S, HIBIYA T, et al. Observation flow in a molten silicon bridge by using non-contact of periodic temperature[J]. Crystal Growth thermocapillary measurements, 2001, 231(1/2): 82-88.

[104] NETTLETON D H, PRIOR T H, WARD T H. Improved spectral responsivity scales at the NPL, 400nm to 20μm[J]. Metrologia, 1993, 30(4): 425-432.

[105] 杨现臣, 李新梅. 摩擦接触表面温度测量技术研究进展[J]. 材料导报, 2022, 36(12): 166-174.

[106] 蔡李靖, 周玟来, 沈桂竹, 等. 红外热像仪高精度测温标定技术[J]. 红外与激光工程, 2021,50(10): 202-209.

[107] HAMRELIUS T. Accurate temperature measurement in thermograph an overview of relevant features parameters and definitions[J]. Proceeding of SPIE, 1991, 1467(1): 448-457.

[108] JOHNSON R B, FENG C, FEHRIBACH J D. On the validity and techniques of temperature and emissivity measurements[J]. *SPIE*, 1988, 934: 202-206.

[109] 刘缠牢, 谭立勋, 李春燕. 基于 BP 神经网络的红外测温系统温度标定方法[J]. 激光与红外, 2006, 36(8): 655-656; 667.

[110] 包健, 赵建勇, 周华英. 基于 BP 网络曲线拟合方法的研究[J]. 计算机工程与设计, 2005, 26 (7): 1840-1841; 1848.

[111] ELSKEN T. Even on finite test sets smaller nets may perform better[J]. Neural Networks, 1997, 10 (2): 369-385.

[112] RUSSELL R. Pruning algorithms-a survey[J]. IEEE Trans action on Neural Networks, 1993, 4(5): 740-747.

[113] 孙鹏. 红外测温物理模型的建立及论证[D]. 吉林: 吉林大学, 2007.

[114] JONES T E , URQUHART M E, BADDELEY C J, et a1. An investigation of the influence of temperature on the adsorption of the chiral modifier,(s)-glutamic acid, on Ni (111)[J]. Surface science, 2005, 587(1/2) : 69-77.

[115] LIANG S L. An Optimization algorithm for separating land surface temperature and emissivity from multispectral thermal infrared imagery[J]. IEEE transactions on geoscience and remote sensing, 2001, 39 (2): 264-274

[116] MCCLAIN E P, PICHEL W G , WALTON C C. Comparative performance of AVHRR-based multichannel sea surface temperatures[J]. Journal of geophysical research, 1985, 90(C6): 11587-11601

[117] 王先兵, 杨世植, 乔延利, 等. 地物目标热红外光谱发射率的野外测量方法研究[J]. 大气与环境光学学报, 2006(5): 105-111.

[118] 李汉舟, 潘泉, 张洪才, 等. 基于数字图像处理的温度检测算法研究[J]. 中国电机工程学报, 2003, 23(6): 195-199.

[119] 李云红, 孙晓刚, 王延年, 等. 改进神经网络的红外成像测温算法[J]. 红外与激光工程, 2010, 39(5): 801-805.

[120] 陶宁, 曾智, 冯立春, 等. 基于反射式脉冲红外热成像法的定量测量方法研究[J]. 物理学报, 2012, 61(17): 314-320.

[121] 杨桢, 张士成, 杨立. 变谱法在红外热像仪测温中的应用[J]. 红外与激光工程, 2012, 41(6): 1432-1437.

[122] 赵桓. 高温红外窗口的辐射测温方法与技术[D]. 北京: 清华大学, 2011.

[123] 张杰. 红外热成像测温技术及其应用研究[D]. 成都: 电子科技大学, 2011.

[124] 孙尚. 高温背景下的辐射测温方法研究[D]. 哈尔滨: 哈尔滨工程大学, 2021.

[125] 张子文. 基于红外光谱仪的多光谱辐射测温技术研究[D]. 哈尔滨: 哈尔滨工业大学, 2020.

[126] 崔双龙, 孙博君, 孙晓刚. 黑体红外波段辐射亮度响应的通用公式[J]. 光谱学与光谱分析, 2020, 40(5): 1329-1333.

[127] 李东, 吴航, 白玫, 等. 红外测温仪测温影响因素分析[J]. 中国医学装备, 2021, 18(3): 59-62.

[128] 秦王丹. 接触式测温的原理及误差讨论[J]. 计量与测试技术, 2017, 44(11): 47-49.

[129] 苑冬梅, 杨坤, 张妍妍, 等. 基于NTC的体温测量系统设计[J]. 中国医疗设备, 2017, 32(11): 98-103.

[130] 邓迟, 胡巍, 刁盛锡, 等. 一种基于NTC的体温传感器测量误差分析及校准技术[J]. 中国医疗器械杂志, 2015, 39(6): 395-399.

[131] 赵晓伟. 基于蓝牙BLE的智能体温测量系统的设计与实现[D]. 南京: 南京邮电大学, 2015.

[132] 谢清俊. 热电偶测温技术相关特性研究[J]. 工业计量, 2017, 27(5): 5-8.

[133] 张根甫, 郝晓剑, 桑涛, 等. 热电偶温度传感器动态响应特性研究[J]. 中国测试, 2015, 41(10): 68-72.

[134] 任芳, 徐婉静, 赖凡, 等. 集成电路温度传感器技术研究进展[J]. 微电子学, 2017, 47(1): 110-113.

[135] 张健, 余挺, 钱永恺, 等. 基于单片机的非接触式人体体温计的研制[J]. 微型机与应用, 2014, 33(12): 21-24.

[136] 苏建奎, 桂星雨. 医用红外体温测量仪的现状与发展[J]. 医疗卫生装备, 2016, 37(1): 110-112; 129.

[137] 罗婧文. 浅谈医用红外体温测量仪的应用[J]. 科技资讯, 2016, 14(35): 232; 235.

[138] 关宏强. 基于 PLC 触摸屏技术的人体红外自动测温仪[J]. 辽东学院学报(自然科学版), 2020, 27(4): 238-242.

[139] 彭帅军. 基于微信公众平台的老人智能体温计系统设计[D]. 西安: 西安电子科技大学, 2015.

[140] 吴波, 王丹, 张春霞. 基于云平台的体温测量系统的设计[J]. 中国医学装备, 2015, 12(9): 68-71.

[141] 王纪彬, 王文廉. NFC 无源体温测量系统[J]. 传感技术学报, 2019, 32(8): 1271-1275.

[142] 胡红波, 袁田, 谢涛, 等. 防控新型冠状病毒肺炎体温连续监测预警系统的设计[J]. 中国医学装备, 2021, 18(1): 137-140.

[143] 胡玫, 王永喜. 基于 STM32 的可穿戴式无线体域网信息监测系统设计与实现[J]. 电气自动化, 2021, 43(3): 20-23.

[144] 王锡龙. 基于 WSN 技术的生命体征（体温）检测系统研究与应用[D]. 哈尔滨: 哈尔滨商业大学, 2013.

[145] 包敬海, 樊东红, 陆安山, 等. 基于 DS18B20 的多点体温检测系统的研究[J]. 自动化与仪表, 2010, 25(2): 20-22.

[146] 侯小华, 胡文东, 项红雨, 等. 基于ZigBee无线传感器网络技术的患者体温检测系统设计[J]. 医疗卫生装备, 2010, 31(2): 65-66.

[147] 杜健宁, 卢东生, 王梦娇, 等. 基于 WeMos D1 Mini 开发板的脉搏与体温检测装置设计[J]. 中国医学装备, 2021, 18(2): 1-4.

[148] 时昊, 窦艳芳, 崔月莹. 基于单片机的红外热成像体温检测仪[J]. 佳木斯大学学报(自然科学版), 2020, 38(6): 29-32.

[149] 程自强, 温红艳, 邬苗, 等. 基于 STM32 的非接触体温监测警报系统研究[J]. 无线互联科技, 2021, 18(8): 36-37.

[150] TAVARES M, FARRAIA M, SILVA S, et al. Impact of montelukast as add on treatment to the novel coronavirus pneumonia (COVID-19): protocol for an investigator-initiated open labeled randomized controlled pragmatic trial[J]. Porto biomedical journal, 2021, 6(2): e134.

[151] Patel R S, Patel N, Baksh M, et al. Clinical perspective on 2019 novel coronavirus pneumonia: a systematic review of published case reports[J]. Cureus, 2020, 12(6): e8488.

[152] AHMED I, DIN S, JEON G, et al. Towards collaborative robotics in top view surveillance: a framework for multiple object tracking by detection using deep learning[J]. IEEE/CAA Journal of Automatica Sinica, 2021, 8(7): 1253-1270.